韶关市"粤菜师傅"工程培训教材

韶关市人力资源和社会保障局
韶关市职业技能服务中心　组织编写

韶州
风味小吃

邓祖荣　主编

广东科技出版社
全国优秀出版社

·广　州·

图书在版编目（CIP）数据

韶州风味小吃 / 邓祖荣主编. -- 广州：广东科技出版社，2024.12. -- ISBN 978-7-5359-8389-3

Ⅰ. TS972.142.653

中国国家版本馆 CIP 数据核字第 2024MX2853 号

韶州风味小吃
Shaozhou Fengwei Xiaochi

出 版 人：严奉强
项目统筹：区燕宜
责任编辑：熊拓新　区燕宜
封面设计：柳国雄
责任校对：李云柯
责任印制：彭海波
出版发行：广东科技出版社
　　　　　（广州市环市东路水荫路11号　邮政编码：510075）
销售热线：020-37607413
https://www.gdstp.com.cn
E-mail：gdkjbw@nfcb.com.cn
经　　销：广东新华发行集团股份有限公司
印　　刷：广州市东盛彩印有限公司
　　　　　（广州市增城区新塘镇上邵村第四社企岗厂房A1
　　　　　邮政编码：510700）
规　　格：889 mm×1 194 mm　1/16　印张11.25　字数240千
版　　次：2024年12月第1版
　　　　　2024年12月第1次印刷
定　　价：50.00元

如发现因印装质量问题影响阅读，请与广东科技出版社印制室联系调换（电话：020-37607272）。

《韶州风味小吃》编委会

——指导委员会——

主 任：涂为群

副 主 任：张建国

委 员：白深云 李志伟 唐德平
　　　　江 明 刘晓飞 叶雨欣
　　　　谭兴田

——编写委员会——

主 编：邓祖荣

副 主 编：田 斌 神三强

参编人员：朱新跃 林煜祥 林少伟
　　　　　李祥雄 梁明彬

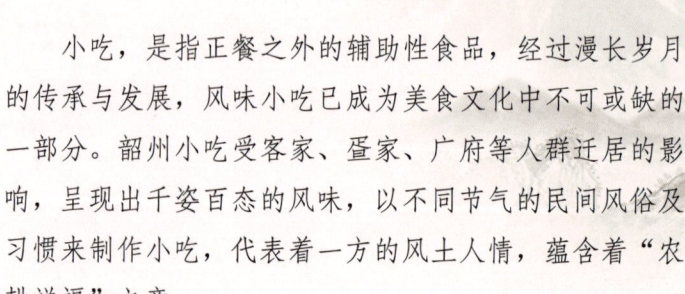

引言——记忆中的韶州风味小吃

　　小吃,是指正餐之外的辅助性食品,经过漫长岁月的传承与发展,风味小吃已成为美食文化中不可或缺的一部分。韶州小吃受客家、疍家、广府等人群迁居的影响,呈现出千姿百态的风味,以不同节气的民间风俗及习惯来制作小吃,代表着一方的风土人情,蕴含着"农耕祥福"之意。

　　通过梳理韶州风味小吃,我们发现流传数百年的小吃,俨然是岭南先祖开疆拓土、缔造文明的鲜活标本。这里面有战乱与饥荒的记忆,有迁徙的轨迹,有药食同源的发明,有"耕读传家"的遗传密码,有开路通衢、守护和平的功绩。

　　每到农历秋分,当地村民把早稻米磨成浆,用蒸的方式,一层米浆蒸熟后再铺一层米浆,重复九层,最后撒上馅料,取名"乐昌九层糕",寓意长长久久,作为馈赠亲朋好友的佳品;南宋胡妃遭陷害出宫为尼,被搭救后迁入珠玑巷,为感恩百姓善待,把制作宫廷小吃的手艺传授给当地百姓,香辣脆酥的"珠玑贵妃酥"就是流传下来的宫廷小吃之一,也成为南雄地道的名小吃;长江白糖饼,有上百年历史,是地处粤湘赣三省交界仁化长江镇的传统客家小吃,也是走亲访友送礼的佳品,因其口感独特、香甜而远近闻名,是韶关著名的特色小吃。始兴宰相粉,则是为了纪念张九龄,他开通了有"古代的京广线"之称的大庾岭梅关古道,让这里成为南来北往的通衢大道;自中原迁徙而来的客家人,在岭南地区很难做出面食,因而传承中原饮食技法并与当地物产融合,用米浆代替面粉,创造出不同于水饺的风味小吃——周陂米饺,经过时代演变和制作改良,现已成为有代表性的地方特色小吃;新丰艾糍,通体碧绿,以口感软绵细腻而闻名,当地有"客家人吃了艾糍,一年四季不生病"的说法,由手法娴熟的村妇们代代相传,今日艾糍制作场景已成为农村独特美食景观;"烟熏腊肉"可谓是瑶乡美食上品,也最能代表"过山瑶"的饮食民风,以竹叶包裹烟熏腊肉制作的瑶胞烟肉粽,算得上是当地最方便携带的食物,又是体现独属瑶乡风味的待客佳品。

一道道韶州小吃,都是客家粤菜文化的重要组成部分。韶关自古就是岭南商贸重镇,食风炽烈。韶州小吃融汇南北,汇集多样风味,形成了"客家韶品·博采众长"的独特饮食文化。

本书筛选出80道韶州风味小吃,涉及历史掌故、民间传说、地域食材、节庆风俗、制作工艺及相关知识拓展等,以图文并茂的方式呈现韶州小吃的基本风貌。

《韶州风味小吃》是传承粤菜文化的又一成果体现,以古法技艺融合现代创新理论和实践,让社会大众从小吃中得到启迪,了解更多粤菜灿烂饮食文化,追溯美食之源,共同构建新时代粤菜文化体系,助推"百县千镇万村高质量发展工程",进一步扩大"粤菜师傅"传播力,让韶州地道风味小吃吸引更多人群,助力韶关经济社会发展。

目录

浈江篇

梅塘糟菜糍	002
梅塘泥鳅圆	004
犁市炸芋头糍	006
馅包糍	008
韶城糖环	010
韶州白鸽屎	011
韶州炸油角	012
东河芝麻糊	013

武江篇

龙安淮山糍	016
龙归芋虾	018
香蜜薯粿	020
重阳铜托糍	022
重阳糖冬果	024
龙归冬糍	026
江畔咸肉粽	027
渔家炖粉糍	028

1

曲江篇

黄糍粑 ·············· 032
过天云 ·············· 034

佛公糍 ·············· 036
光头圆 ·············· 038
井巷糖不甩 ·············· 040
大塘炒米饼 ·············· 042
白土花生碌 ·············· 044
北江灰水糍 ·············· 046

乐昌篇

芒糍 ·············· 050
臭米糍 ·············· 052
显公糍 ·············· 054
北乡银针糍 ·············· 055
拳头糍 ·············· 056
长垯鸡蛋糍 ·············· 058
乐昌九层糕 ·············· 060
九峰桃胶粽 ·············· 062

南雄篇

油山大禾糍 ·············· 066
珠玑贵妃酥 ·············· 068
灵潭南瓜酱 ·············· 070
疍家船糍 ·············· 072
南雄饺俚糍 ·············· 074
南雄铜勺饼 ·············· 076
湖口牛干脯 ·············· 078
南雄豆浆糍 ·············· 079

仁化篇

河蚬菜羹 ·············· 082
蕨根粉糍 ·············· 084
锦江虾米糍 ·············· 086
扶溪蕉叶糍 ·············· 088

长江白糖饼 ·············· 090
古夏大康糍 ·············· 092
古井翻生糍 ·············· 094
古夏谷花糍 ·············· 096

始兴篇

始兴宰相粉 100
司前竹筒糍 102
古郡烫皮 104
太平酸菜糍 106
围楼炸芋圆 108
东湖坪麻糍 110
石磨韭菜糍 112
香菇米浆糍 114

翁源篇

龙仙油罩糍 118
连溪米面 120
周陂花麦糍 122
瀚江鸡蛋酥 124
姜蓉菜包 126
周陂米饺 128
翁源冰花饼 130
古邑豆橙 132

新丰篇

新丰艾糍 136
梅坑虾公堆 138
马头喜庆红糍 140
云髻仙草粉 142
沙田发糕 144
新丰牛角粽 146
丰城石磨粉 148
新丰老鼠粄 150

乳源篇

瑶山打麻糍 154
瑶胞烟肉粽 156
过山瑶竹筒饭 158
猪头皮粉 160
一六香芋饼 162
桂头驼背糍 164
大桥叶糍 166
桂坑石韭饼 168

后记 169

浈江篇

梅塘糟菜糍

名吃故事

梅塘村人把糟菜的原材料叫作瓜菜（芥菜），瓜菜有两个品种：一种个头不高，茎叶都较嫩，专门作为蔬菜现吃；另一种茎叶较粗，个头很高，吃起来不太可口，但是经得住日晒，因此特别适合制作糟菜。制作糟菜的每一道工序都非常讲究，从瓜菜的晒干程度、酒糟的选择到盐巴的使用比例都有详细要求，把酒糟和一定比例的盐巴混合物搅拌好，将混合物抹到晒干后的瓜菜干上，绑成一捆一捆，放进干水缸里，层层叠好，直至最后封口，封好后还要把水缸倒过来放进木灰里，经历六七个月，水缸里的瓜菜才会变成糟菜。

工艺流程

❶ 选梅塘种植的粘米，用水浸泡3小时，再把大米磨成浆。

❷ 米浆放在大铁镬中慢火熬煮成熟粉团。

❸ 熟粉团中加入花生油和碱水，搅拌成光滑的团状。

❹ 糟菜浸泡切碎，和猪肉、冬菇、笋粒、虾米一起下镬炒熟、炒香，调味制成馅料。

❺ 将粉团分成小块，包入馅料，用芭蕉叶包裹成生坯。

❻ 放入镬中，中火蒸25分钟即可。

> **知识拓展**
>
> 糟菜糍可煎或煮，可包馅也可不包馅，包馅的馅料可分为甜馅和咸馅。

浔江篇

韶州风味小吃

梅塘泥鳅圆

名吃故事

客家人每逢时令佳节就有做"糍"的习俗。糍是米制品,种类很多,有煮汤糍、艾糍、鸡蛋糍、黑米糍、韭菜糍等。不同的季节做不同的糍。糍味种种,各具风格,单单一个"糍"字,饱含了客家人的乡音、乡情、乡味。

在犁市镇梅塘村有一种半月形大角仔,叫作泥鳅圆,是用糯米制作的,馅料是用炸好的泥鳅和炒熟的萝卜、冬菇、猪肉、虾米等拌匀制作,非常鲜香。泥鳅圆可煮可煎,若用鸡汤浸煮,则口感柔韧,汤汁香浓,滚烫且鲜味四溢;若是煎制的,馅料里的肉汁则香浓醇厚。

工艺流程

① 糯米粉中加入开水和灰水(杨桐树灰调制),并用筷子搅拌,揉成光滑不粘手的粉团。

② 将粉团搓成长条,分成一个个小粉团,待用。

③ 洗净泥鳅,放入盆中,加入料酒、姜葱、生抽、蚝油、五香粉搅拌腌制,然后炸至酥脆,待用。

知识拓展

泥鳅圆可以煎,也可以煮汤。每年秋收后,梅塘村人会以泥鳅作馅或与灰水糕一起煮制成当地的特色小吃。泥鳅不仅味道鲜美,营养丰富,还是一味很好的中药,常用于制作各种药膳。

❹ 猪肉切碎,萝卜、冬菇切丝,虾米泡软。
❺ 镬里放油,除泥鳅外全部食材炒香调味,加入炸好的泥鳅"合二为一",拌好馅料。
❻ 压扁小粉团,压成圆形薄饼皮,包入馅料,用拇指和食指沿皮缝将饼皮捏合。
❼ 在镬中烧水至水开,放入汤糍,用慢火煮熟即可。

犁市炸芋头糍

名吃故事

炸芋头糍是客家人用芋头、木薯粉做成的一种糍粑。主要原料为本地产的槟榔芋头、木薯粉，主要配料有粘米粉、生粉、五香粉、葱等。客家人逢年过节用于祭拜的食品多种多样，一开始使用蒸芋头，但祭拜过后，芋头不好存放，食用起来又不免有些寡淡。喜用各种植物搭配米面来做糍粑的客家人，便用芋头作为主要原料，做出许多美食，炸芋头糍便是从这里衍生出来的风味小吃。

工艺流程

❶ 芋头洗净切成片，放进蒸笼内用猛火蒸熟。

❷ 把蒸熟的芋头片趁热倒入盆内，加入粘米粉、淀粉，用木槌边搅边捶，搅至芋头与粉类基本混合，然后加入精盐、白砂糖、五香粉、胡椒粉，再搅拌均匀。

❸ 逐渐加入清水，边加边搅拌，最后加入花生油、芝麻油一起搅拌均匀，待用。

❹ 取一个九寸不锈钢方盘，刷上花生油，将搅拌好的芋头浆倒入方盘内，抹平，放进蒸笼内，用猛火蒸60分钟，熟后取出，待冷却后倒在案板上，先切成6条，再切成厚片，待用。

❺ 镬洗净，烧热，放入少量花生油，然后把切好的芋头糍逐片放进镬内炸，炸至两面呈金黄色即可。

知识拓展

芋头是一种常见的粮食，它的营养价值可以与土豆相媲美。另外，芋头也是一种很好的碱性食物，它不含龙葵素，容易消化。

浈江篇

韶州风味小吃

馅包糍

知识拓展

馅包糍可煎制，可根据个人喜好添加不同的馅料。

名吃故事

馅包糍比较像周陂米饺，但馅包糍的体形要大得多。馅包糍要求皮薄爽滑，馅大汁多。馅的品种也多种多样，有韭菜馅、酸菜馅、笋干肉馅。最特别的当属辣椒霉笋馅，初吃时总感觉有一股臭味，通过舌尖味蕾的慢慢适应，越嚼越香。霉笋是浈江疍家人自制的一种风味食品，原料一般是清明前后一种叫作"泥笋"的小竹笋。笋用刀拍裂，加精盐、辣椒粉，用盆装好加盖，放在灶台边加热或在太阳下晾晒，让它自然发酵1~2天便可。制作霉笋是需要掌握时间和温度的技术活，温度太高、时间太长，笋会霉烂发臭；温度不够、时间太短则香味不浓，因此温度和时间要恰到好处。吃时略洗，烘干水分，加五花肉、鱼干、蒜苗、辣椒粉（注：不要放其他辣椒，一定要放辣椒粉才好吃）调味炒香便成。霉笋跟湖南的臭豆腐味道差不多，闻起来臭，吃起来香，且霉笋还有一种鲜嫩爽脆的口感。遗憾的是这种泥笋只有一两个月的采摘时间，用其他笋类制作则没有泥笋的风味和口感了。

工艺流程

❶ 粘米经水浸泡4小时左右，用石磨磨成米浆。

❷ 烧镬刷油，倒入米浆、灰水，中火炒至米浆黏稠适度，待用。

❸ 五花肉切碎与鱼干、霉笋、蒜苗、辣椒粉一起炒制，调味炒熟，待用。

❹ 粉团搓成条状，再搓成20克左右的小粉团，压扁包入熟馅，捏花边整形成油角状。

❺ 猛火蒸10分钟，皮熟便可。

韶城糖环

名吃故事

千年韶州城,因水运发达,商贾云集,人们都喜爱中国结并将其元素融入风味小吃造型中,起名"糖环"。这种小吃具有几百年历史,是客家人逢年过节、冬春两季常做的地方小吃,用以招待亲朋好友,增加节日气氛。

工艺流程

1. 将糯米用水浸约3小时,捞起沥干水分,机器磨粉。
2. 糖加入水中,煮至溶解。
3. 米粉放镬内,用中火炒至半熟,再用盘装好,加入糖水,搓成粉团。
4. 取小粉团,再搓条做成中国结等各种环形。
5. 入镬,用五成热油温炸至硬身、金黄色即可。

知识拓展

可加入芝麻、花生、精盐等做成咸味糖环。

韶州白鸽屎

知识拓展

可用花生作馅,也可用黄豆作馅,硬度、脆度更大。

名吃故事

白鸽屎,也叫"白鸽蛋",是客家人用花生混合糖粉制成的传统小吃,因颜色和形状与白鸽粪便极为相似而得名,名字有点不雅,却是老一辈韶关人难以忘怀的童年美味。

工艺流程

① 将花生用中火炸香,晾凉,备用。
② 把白砂糖加入清水中,熬成接近拉丝状的糖浆。
③ 花生入镬,用慢火边炒边加糖浆,炒至起糖霜时,起镬倒入托盘,撒上糖粉拌匀,晾凉即可。

韶州炸油角

名吃故事

很早以前，北方就有过年吃水饺的习惯，而南方客家人则传承了中原饮食习惯。在南迁过程中为了能较长时间保持食物的形状，聪明的客家先人就想出了通过油炸的方式将北方的饺子传承了下来，演变成今天的油角。

油角和水饺的形状类似，亦像钱包，寓意钱包鼓鼓，赚钱赚到盆满钵满。每逢过年，一家老小围着桌子包油角，油角形状各异，经过油炸都变得十分酥香。现粤、赣、闽地区的客家人过年还盛行包油角、吃油角的习俗。

工艺流程

1. 将打好的鸡蛋加入面粉中，加入猪油、清水，揉成粉团。
2. 把花生炒香，去衣压碎，与白砂糖、芝麻一起拌匀成馅。
3. 取小块粉团擀开，厚度2～3毫米，用圆形模具制皮，包入馅料，捏出卷边花纹。
4. 放入六成热油镬，炸约5分钟，油角呈金黄色即可。

知识拓展

馅料可加入椰蓉，增加香味。

东河芝麻糊

名吃故事

坊间有首歌谣:"细润香滑芝麻糊,源自平民百姓家。"旧时街头有小贩挑着担子沿街叫卖:"香滑芝麻糊,清甜绿豆沙!"小贩用唱腔把"糊"字和"沙"字尾音拖得长长的,引得大街小巷的童叟妇孺都跑出来购买。担子里那芝麻糊乌黑发亮,有一层油润的光泽,芝麻香扑鼻。黑芝麻有诸多好处:益气养颜,富含维生素E和铁元素,抗氧化、抗衰老,可改善缺铁性贫血。老一辈还会说:吃黑芝麻,头发会又黑又亮。据说芝麻还能益胃养阴,适合有便秘、生疮、早生白发等症状的人食用。因此,芝麻糊是四季皆宜的甜品。

知识拓展

类似的甜品还有核桃糊、杏仁糊、花生糊等,如果要追求细腻的口感,可以用筛子过滤隔渣一两次。

工艺流程

❶ 把大米洗净,泡软。

❷ 把黑芝麻炒到发出微香,与浸泡透的大米一起,加入清水磨成细浆。

❸ 用细箩筛过滤细浆,去渣。

❹ 将生猪油炼成熟猪油,加清水煮沸,加白砂糖煮至溶解。

❺ 把细浆慢慢地倒入猪油糖浆里,边倒边搅拌,煮熟即可。

武江

武江篇

龙安淮山糍

名吃故事

龙安村四面环山、环境幽雅,淮山是当地非常有名的农产品。龙安淮山皮薄,呈粉白色,味清甜,久煮粉而不糊。当地人靠山吃山,用淮山做成糍,这种淮山糍没有馅料。煎好的淮山糍色泽金黄、外酥里糯,味香甜。龙安淮山入选全国名特优新农产品名录。

工艺流程

❶ 将糯米粉与粘米粉混合,过筛,放盆中备用。

❷ 将淮山洗净、去皮,切成薄片,加入白砂糖,放入蒸镬,用中上火蒸熟。

❸ 将蒸熟的淮山趁热加入糯米粉与粘米粉的混合粉中,和成粉团,加入猪油,搓至纯滑。

❹ 将搓好的粉团出坯,逐只搓成圆球形,略压扁成圆饼形,成为半成品。

❺ 将半成品放入镬中,以中慢火为主,煎至两面金黄色即可。

> **知识拓展**
>
> 可包甜馅,如莲蓉淮山饼或红豆淮山饼。可蒸或炸。

武江篇

韶州风味小吃

龙归芋虾

名吃故事

芋头是客家人逢年过节必备佳肴，如芋头扣肉、芋头糕等。早年间，客家人多采用"和皮水煮冷啖"的吃法，吃下去难免肚胀，后来由苏东坡"解锁"了别样的吃法。当时东坡与吴远游夜聊甚晚，肚中饥饿。一番搜寻下来，发现家中还有一些芋头，于是将芋头去皮，用湿纸包裹，再在火上烘烤，品尝起来感觉甘甜清香，口感软糯细腻。正是这种别样吃法让人们找到了芋头的正确"打开方式"，告别了"和皮水煮"这种单调的烹饪方式，从此芋头糕、芋头粄、炸芋头等成为客家人的特色美食。龙归芋虾，是用芋头擦成丝，加虾米、调料同米浆拌匀，再捏成虾状，通过油炸制成的一种小吃，常见于早餐或饭前点心。

工艺流程

❶ 芋头洗净、去皮，切成丝。

❷ 将生粉、粘米粉过筛后放在盆中，加入精盐、水拌匀（不能出现粉粒），加入芋丝、虾米、香葱和匀，最后加入花生油和匀，搓成圆球，略压扁成芋虾形，成为半成品。

❸ 将镬烧热，放油，将半成品放入镬中，以中慢火为主，炸至两面金黄色即可。

知识拓展

用此方法，可以炸制莲藕圆、土豆圆、芋头圆。

韶州风味小吃

香蜜薯粿

知识拓展

红薯是一种药食兼用、营养均衡的食品，具有预防便秘、减肥的功效。

名吃故事

金秋时节，韶关市武江区到处都是一片丰收的景象。在武江区龙归镇奇石村等地，一片片红薯地迎来丰收，不少外地游客慕名前来挖红薯、采购，田间地头一派产业兴、秋收忙的丰收景象。龙归香蜜薯呈纺锤体形，薯皮为紫红色，薯肉为淡黄色，生食脆甜清香，蒸煮后薯肉为橙红色，软糯香甜，细腻无渣，薯味浓郁，是当地的特色农产品之一，并成功入选全国名特优新农产品名录。红薯作为韶关市武江区的传统农作物之一，在当地有着广泛的种植和消费市场。同时，随着新型农业经营主体的不断涌入，红薯种植产业也在不断创新和发展，为当地农村经济的发展注入了新的动力。

工艺流程

① 将红薯蒸熟,压制成泥。

② 加入适量糯米粉、白砂糖,调制成粉团。

③ 把粉团搓成大小均匀的小圆球。

④ 中火炸至金黄色,浮起即可捞出。

重阳铜托糍

名吃故事

铜托糍也叫甜粄，每逢过年，客家人都会蒸糍粑、炸煎堆，甚至有"不蒸糍粑不过年"的说法，因为在客家人看来，甜粄象征的是来年日子甜蜜，生活更幸福。每个地方的甜粄也有不同的特色，有些用白砂糖，有些用黄糖，重阳镇这边一般都是以黄糖为主，制作好的铜托糍香甜又有韧劲！按照传统习俗，铜托糍在农历腊月二十五之后才开始筹备制作，逢腊月二十七、二十八蒸制。其制作方法也颇为讲究，传统的重阳铜托糍如同厚砖一般。

工艺流程

❶ 用七成糯米掺入三成籼米在水里浸泡一天一夜，浸泡膨胀后磨成米浆，沥除水分后成为糯米团。

❷ 黄糖用热水化开成糖水。

❸ 糖水加入糯米团中揉搓至粉团有黏性。

❹ 在铜托盘底部刷油，放入粉团压实成圆形。

❺ 中火慢慢蒸制两三个小时至熟即可。

知识拓展

黄糖水要趁热加入粉团中揉匀，并掌握好粉团的黏稠度，蒸制时间根据粉团厚度来调节。

023

重阳糖冬果

名吃故事

红枣物稀,甚为珍贵,战乱时期更是一枣难求,但结婚是人生大事,讨吉利的事不能免,聪明的客家人就把糯米做成枣子状,外裹以白砂糖粉代替之,更符合早生贵子的民俗。糖冬果是粤北客家人必备的新年零食之一,过春节吃糖冬果象征着生活更加甜蜜,是儿时过年的美好回忆。

工艺流程

1. 将糯米粉用容器盛着待用。
2. 在镬中加入清水、片糖,待糖溶解后,趁热将糖水倒入糯米粉中迅速搅拌均匀。
3. 待粉团凉后,用酥棍压平整后,用刀切成方块,再切成小条,放入镬中,用中火炸至金黄色捞出。
4. 拌入白砂糖粉即可。

知识拓展

可用麦芽糖煮成糖浆替代糖水,最后拌入白砂糖粉的分量可根据个人喜好适当增减。

武江篇

韶州风味小吃

龙归冬糍

名吃故事

吃糍粑是龙归人过立冬节气的老传统。龙归人制作的糍粑是以糯米粉为主料，加入盛产于武江区龙归镇一带的杨桐树灰调成的灰水，制成粉团，包入由萝卜、猪肉、冬菇、虾米制成的馅料。龙归人就是用这种小吃祀神祭祖，庆贺农作物的丰收，由此得名"龙归冬糍"。

工艺流程

1. 先将糯米洗净，浸泡约3小时，以手指能捏碎为佳，捞出沥干水分，打成粉。
2. 萝卜、猪肉、湿冬菇、湿虾米切粒，加调味品炒成熟馅。
3. 用开水加杨桐树灰调和后过滤，加入糯米粉中一起拌成糯米粉团。
4. 粉坯搓条，分出剂子，包入馅料，捏成尖顶圆球形。
5. 放入开水镬中，煮至熟透，捞起。

知识拓展

当地人有晒冬粉的习惯，将调好的灰水粉晒干存放，食用时用水调成粉团，可做灰水汤丸等。

江畔咸肉粽

名吃故事

在广东美食的大家庭里,有一种食物始终保持着它的原始形态和初始风味,它就是被誉为"国粹"的粽子,它传递着中华大地古老的饮食文化。打开透着清香的竹叶,拨开晶莹透亮的糯米,我们会遇见一个缤纷多彩的世界,感受到浓浓的故乡情怀。许多韶关人踏实的一天,就是从一个热腾腾的粽子开始的。如今快节奏的生活方式正使这个几千年来一直都具有文化、礼仪、节令特质的食物变成了一种日常的主食。

工艺流程

① 糯米洗净,浸泡1晚,沥干水分。

② 五花肉切条,加入蒜蓉、五香粉、精盐、白砂糖、花生油,腌制2天。

③ 从咸鸭蛋中取出蛋黄,并且晾干水分。

④ 包粽子,要用水草捆扎;粽子必须裹得紧密,里面的米漏不出来,焓煮的水也渗不进去。

⑤ 放入镬中焓煮2~3小时。

知识拓展

咸肉粽外形呈四角多边形,上下两条直线互相垂直,四个角在不同的平面上。咸肉粽馅料虽多,但形状却比较娇小,裹得严严实实。吃起来,每一口都是惊喜,口感非常丰富,肥肉肥而不腻,还有淡淡的竹叶香,让人回味无穷。

韶州风味小吃

渔家炖粉糍

知识拓展

磨浆时加入红米、紫淮山或红萝卜，便可做成各种风味的炖粉糍。

名吃故事

  炖粉糍的原材料是陈年粘米，用水浸泡一个晚上后磨成浆，再添加处理过的陈年石灰水，边煮边搅拌，煮至无粉味即可，待冷却后便形成淡黄色的炖粉糍了。食用前分成块状，再切成薄片，放入青菜，煮沸后即食。炖粉糍属碱性食品，清热下火、口感清爽、风味独特，可助消化、去油腻。浅黄晶亮的炖粉糍，素香绵绵，如果冻似的清爽而不张扬，配上鲜美嫩绿的青菜，盛在碗中显得分外雅致，吃起来颇有种洗尽铅华、返璞归真的惬意。

工艺流程

❶ 先浸泡粘米，但必须掌握好时间，不可太久。
❷ 将已浸泡好的粘米放到石磨上磨成米浆。
❸ 将调味料加入磨好的米浆后充分搅拌。

❹ 将处理好的米浆放到镬中煮熟。
❺ 镬中放入适量油和生葱，爆香，加入汤水，烧开。
❻ 把炖粉糍放入镬中煮开，改小火，把已腌制好的猪肝、瘦肉和青菜放入煮熟，调味即可。

曲江

曲江篇

韶州风味小吃

黄糍粑

名吃故事

自古以来，曲江山区的一些乡村把农历二月初一命名为"鸟儿节"。是日，家家户户都把蒸好的黄糍粑切成小块，用手搓成果子状，然后用树枝串成串，天刚蒙蒙亮就把黄糍粑串插到村前屋后的空地上任由鸟儿去啄食，为了不让鸟儿受惊吓，这一天，村民都不去地里干农活，甚至连大门都不开，白天不烧火、煮饭菜，饿了就吃点糍粑，直到晚上点灯后才生火做饭。关于"鸟儿节"，一种说法是鸟儿吃了黄糍粑之后就不再去糟蹋庄稼，当年便会五谷丰登，定有好收成。另一种说法是人们敬奉了鸟儿，鸟儿懂得感恩，与人类和谐共生，便不去啄食村民辛辛苦苦种下的庄稼。又有第三种说法是，糯米做的黄糍粑把鸟儿嘴巴粘住，鸟儿就不能肆意啄食庄稼了。每年过了"鸟儿节"，农家便开始春耕生产，这种习俗已流传千年。现在只有少数偏远的山村坚守着敬畏自然、和谐共生的传统习俗，但是做黄糍粑的制作工艺，至今依然在当地的客家人中广泛传承。

知识拓展

黄糍粑蒸熟后食法多样，可油煎，外焦香、内嫩滑，也可以加配菜切片、切丝炒或用菜心汤煮，喜爱吃咸味的可以加酱油、辣椒，喜爱吃甜味的可以直接蘸白砂糖。

工艺流程

❶ 大镬里加入灰水（杨桐树灰调制），烧热，用盆盛装糯米粉，把煮开的灰水迅速倒入糯米粉中，用面棍快速搅拌均匀，如粉团干，可加点热水调制，稍凉后用手揉搓成光滑的粉团，接着用毛巾或洁布盖着，稍静置一会。

❷ 准备蒸笼，笼底刷油，把粉团复揉匀滑后分成大小一样的块，两手掌加点油，逐个揉成圆果子形，整齐摆放在蒸笼里。

❸ 大镬加清水烧沸，放入蒸笼，用中火蒸约30分钟至黄糍粑熟，出镬，在糍粑表面刷上一层花生油，晾凉，即可食用。

韶州风味小吃

过天云

名吃故事

曲江乌石镇东面约3千米处有座大山叫"大洞寺",山上有一条由两座山峰自然闭合形成的石桥,叫"仙人桥"。相传很久以前,有云游的和尚经过此地,觉得风水极佳,便留在此处开荒种粮,兴建寺庙,弘扬佛法。

和尚们天天起早摸黑,辛勤劳作,但是由于寺庙建在对面山上,两山相距甚远。他们白天到对面山上耕种,黄昏回寺念经,风雨无阻。某日,被巡视凡间的天兵发现,返回天庭将此事报告给玉皇大帝,玉帝深受感动,派两位仙人带仙人掌下凡间,把它们栽种在两座山上,说来奇怪,随着仙人掌日渐长大,两座山也渐渐靠拢,最后填平了山间空隙,从此大家再也不需翻山绕道,村民也因此称石桥为"仙人桥"。

桥通路坦后,四周村民信众往来频繁,寺庙香火日渐旺盛。一天清晨,来了位信众,手提一竹篮米白焦香的糍粑上供,僧人好奇询问是何物。信众回想来时,沿途山高路险、云雾缭绕,便说是"过天云"。如今,日月轮转,"过天云"作为当地特色小吃一直在曲江传承。

知识拓展

要选用曲江本地优质油粘米,米香味浓,可按口味喜好加盐加糖,或者加肉料荤食,在米浆中加韭菜、虾米、肉碎等配料。

工艺流程

1. 将优质马坝油粘米用清水浸泡2~3小时,取出,添适量清水磨成米浆。
2. 烧镬刷油,沿大镬边均匀浇一圈米浆,任由其自然滑落,接着加镬盖焖焗至熟。
3. 随即沿镬边再均匀浇一次花生油,促其起焦粑,熟米浆浮起后离镬,底色金黄时铲出装盘。

韶州风味小吃

佛公糍

知识拓展

佛公糍的馅料原本选用冬菇、木耳、腐竹等素食材料，随着生活条件改善，馅料也丰富了，荤素搭配，用猪油炒馅口感更佳。

名吃故事

　　曲江区南华禅寺有"禅宗祖庭"之称，每年农历二月初八和八月初三举办"南华诞"，许多民众到寺庙参加，场面隆重热闹。相传二月初八和八月初三分别是六祖慧能诞辰和圆寂日期，故称"南华诞"，民间又称"春秋庙会"。庙会期间香客众多，曲江区周边村民会制作一种特色小吃——大肚糍，挑担到寺庙大门前售卖。其中，一对姐妹摆卖的大肚糍生意最火爆，因为她们做的大肚糍皮薄馅足，形似佛肚圆润金黄，造型出彩，而且两姐妹手勤口快，常引来众人围观。其中有一个老先生尝后赞声不绝，称道："大肚糍，应节应景，味道咸香，十分美味，不过名字不雅，若能改为佛公糍更妙。"众人听后觉得形容得很贴切，佛公糍的叫法便流传开来，如今已成为韶关的特色小吃。

工艺流程

❶ 将糯米粉用和面盆盛着，中间开窝，灰水烧开，趁热倒入糯米粉中搅拌均匀，揉搓至粉光滑，盖湿毛巾静置备用。

❷ 烧镬下油，将冬菇、木耳、萝卜、腐竹加精盐、生抽炒香，用湿粉打芡装盘，制成馅料。

❸ 取糯米粉团复揉后，均匀分作若干小团，用手搓圆压薄，包入炒好的馅料，对折收口成型，整齐摆放在已扫油的蒸笼内。

❹ 大镬注水烧开，放入蒸笼，用中火蒸约8分钟，成熟取出，糍的表面刷油，装盘即可。

光头圆

名吃故事

曲江大塘镇左村有座山,当地人叫将军山,山上原本有座将军庙,后在"文革"中被毁,现存有清代道光十年的石香炉和民国时期修缮将军庙的残碑一通。近年来,曲江区第三次全国文物普查队经多方调查和反复考证,认为将军庙是纪念韶关历史名人侯安都将军而建。侯安都出生在始兴郡曲江桂头下坎村(今属乳源县),在家里兄弟中排行第三,又名侯三公,自小勤学苦练,通诗经、善骑射,文武双全,屡立战功,于公元548年被封为"陈朝公"。因除兵匪功勋绩伟,保得百姓平安,后人为纪念侯安都将军而在山上修建将军庙,让晚辈供奉,该庙历年香火兴旺,每年农历七月初一为庙会。是日,各方信众聚集庙内,请八音,迎龙狮,鸣锣擂鼓助兴,百姓杀鸡、宰猪,做糍粑供奉祭祀,祈求平安、丰收,仪式后设宴酬谢宾客,宴席以本地特色菜为主,席中必上本地独有的特色小吃——光头圆。为什么?由于时代久远无从考究,村民们只知道是祖上留下的习俗,传承至今。

工艺流程

❶ 将粘米放入清水中浸泡2～3小时,加少量清水,用石磨磨成米浆。

> **知识拓展**
>
> 用客家米粉、米浆制作小吃品类很多,光头圆是曲江沙溪镇、小坑镇等地客家人最喜爱的家乡小吃。随着时代发展,光头圆粉皮有人用糯米粉替代,馅料也作改良优化。

❷ 将现磨粘米浆稍静置，然后淹去上层较多的水分。

❸ 烧镬下油，放入猪肉爆炒出油香，加萝卜干、干葱头，用精盐、生抽、白砂糖调味，最后加湿淀粉收汁，铲起装盘备用。

❹ 将适量清水烧开，加入花生油、精盐和柴灰水，趁热兑入浓稠的米浆中搅匀，然后倒入已刷底油的大铁镬中，烧柴火加热，全程不停翻铲，防止米浆粘底，直至米浆凝结，能揉搓成光滑粉团为止，装起稍晾凉。

❺ 两手抹油，趁余热取粉团，均匀分成小块，逐个搓圆，手压成圆片形，包入馅料，有间距地摆放到已扫油的蒸笼里。

❻ 烧镬注清水，水滚后放入蒸笼，用中火蒸15～20分钟至熟取出，逐个于表面均匀刷油，装盘即可。

韶州风味小吃

井巷糖不甩

知识拓展

糖不甩也可包入馅料，或制作时用蜜糖代替糖浆，口感更清润。

名吃故事

糖不甩是粤北客家人的传统甜味小吃，口感软糯香甜，老少皆宜。冬天用姜汁佐食更是祛寒正气，相传糖不甩在民间还是传递婚事成败的信息食品，当媒婆带男方到女方家提亲，如女方家长同意婚事，就会煮糖不甩招待男方宾客，寓意婚事成功、甜蜜、圆满。

工艺流程

❶ 先煮开200克清水，将澄面烫熟，搓成光滑面团。

❷ 把糯米粉、清水拌匀，加熟澄面团搓成粉团，再加入猪油揉成软硬适中的粉团。

❸ 将粉团搓成条状，切成小块，搓成小丸后，放入开水里煮熟，沥干水分。

❹ 镬中加水，放入黄片糖、麦芽糖，煮至黄片糖溶化后，加入糯米汤丸，用手勺搅拌，以免粘底。用碗或碟盛起，撒上熟花生碎等配料即可。

曲江篇

041

大塘炒米饼

名吃故事

韶州古城有过年打米饼的传统,将炒至浓香的大米磨成粉,加入糖浆压制成饼,用炭火炕干,香甜可口,耐久藏,是流传甚广的韶州特色风味小吃,也是现在广受欢迎的美食手信。

工艺流程

❶ 用镬烧水,水开后加糖,熬成糖浆。
❷ 花生炒香,去衣压碎,黑芝麻洗净炒香备用。
❸ 炒米粉加糖浆,加花生碎和炒香的芝麻拌匀。
❹ 将粉团压入饼模,压实,轻轻敲出米饼坯。
❺ 烧炭火炉,用竹簸箕烘烤米饼,至饼干硬即可。

> **知识拓展**
>
> 可用白砂糖煮成的糖浆或用蜂蜜浆制作炒米饼。

曲江篇

043

白土花生碌

知识拓展

花生粘米粉时可在米粉中加入辣椒粉,做成甜辣味。

名吃故事

古时的韶州府(今广东省韶关市)地处南岭山脉南麓,雨水充沛,适宜种植花生。这里的花生与普通花生不同,品质更佳,多为"四子"花生,用于榨油和制作小吃。因为南方"回南天"时,食物易发霉和受潮,不利于长期储存,当地人便用特产花生制作了一种能长期防潮又可口的风味小吃——花生碌,其中以产自白土的最为出名,深受当地人喜爱。白土花生碌主要以当地产的花生,加上白砂糖浆、糯米粉为主料,经油炸而成。

工艺流程

❶ 用清水将糖煮成糖胶,然后加入花生拌匀,取出。

❷ 倒入已拌匀的米粉中轻轻拌匀,让糖花生粘满米粉。

❸ 用粗眼米筛将多余的粉筛出。

❹ 下油镬,用五成热油温炸至金黄色即可。

韶州风味小吃

北江灰水糍

知识拓展

灰水糍可包馅，可不包馅，另外可用饼印压制成饼形，方便加工。

名吃故事

灰水糍俗称"糯米糍""水糍"，是流行于韶关一带的传统小吃。相传，古时候粤北山区的一些农户得了一种怪病，肚子发胀，高凸如鼓，吞下的食物无法消化，高烧发热，浑身起毒包，无论用什么药物都不能治好。后来观音菩萨为了拯救患病的乡亲们而特意托梦给他们，说这是节日期间的一种厉鬼作祟，大家只要用糯米粉与灰水做成粉团，煮熟后用木臼舂成糍粑食用，就能驱妖除病，消食健体，确保平安。乡亲们依照菩萨的吩咐，在节日期间做灰水糍吃，果然治好了病。自此，灰水糍便作为一种农家的风味小吃流传开来。

工艺流程

❶ 先将笋干用热水泡发，切碎粒，将猪肉粒炒香，加入笋粒炒香，加入精盐、味精、生抽、蚝油炒熟待用。

❷ 灰水烧开，糯米粉装在盆里，将烧开的灰水倒入盆里，边倒边搅，使盆里的糯米粉至八成熟，加清水将粉团揉至纯滑，成灰水粉团。

❸ 将粉团分割成小的均匀粉团胚，然后搓成圆团状，拇指向下捏出窝形，包入馅料，收口，即成生灰水糍胚。

❹ 上炉旺火蒸8分钟即可，或水煮浮起时立即捞出。

乐昌

韶州风味小吃

芒糍

名吃故事

西京古道是汉武帝时期岭南各地通往京都的必经之道，属交通要道，在乐昌境内便绵延有80余千米。以前西京古道沿途商铺林立，有一位龚婆婆在古道途经的长来镇贝兴村摆摊档，终年售卖灰水粽子。龚婆婆一般是晚上制作、早上售卖，勉强养家糊口。有一天晚上，龚婆婆照例包粽子，忽然发现粽叶用完了，但还剩一些米，为了不浪费，她灵机一动，就在屋前采了几片芒草叶子，洗干净，将米包裹好，与其他粽子一起煮，煮好便挂在厨房的角落里。过了10天左右，龚婆婆才想起那个用芒草做的粽子，原以为变质坏掉了，但打开试了一口，发现不仅没坏，里面的米饭还结实软糯，混着一股浓郁的芒草香。从此以后，龚婆婆就开始用芒草叶包粽子。由于保鲜时间长，口感特别好，通过客人口口相传，许多进京之人都会带上这种粽子。龚婆婆为了让它区别于其他粽子，便把它命名为"芒糍"。后来，龚婆婆的小摊档生意兴旺，改建成了大铺面，名曰"芒糍铺"，雇了许多工人一起做芒糍，每日车水马龙，生意兴隆。随着时代变迁，西京古道已掩藏在杂草之间，"芒糍铺"消失在岁月里，"芒糍"的包扎技艺也逐渐失传，至今除龚婆婆的后人还会制作芒糍外，附近能标准包扎芒糍的人寥寥无几。

知识拓展

糯米不能泡水，否则煮好后不够紧实；芒草必须扎紧捆实，不能漏气；柴火灰水要浓一点。

工艺流程

① 糯米洗净,加柴火灰水拌匀(糯米不用泡水)待用。

② 先用水洗净芒草叶,用开水烫过后过冷水,捞起沥干水分待用(芒草叶的规格:长约120厘米,宽约5厘米,厚约0.1厘米)。

③ 先用沥干水分的一片芒草叶,把中段圈成2个8厘米的圆圈叠在一起,并将头尾两端的芒草叶转到底部,排垫在底部成圆碗状,将拌好灰水的糯米放入其中,并用手按紧压实(每个放糯米200克左右),将芒草叶尾部朝上,头部朝下,呈螺旋状裹好,此时尚有许多空隙露出米粒。

④ 用一片芒草叶,尾部压着前一片叶子头部,尾部露出10厘米左右,转到底部旋转包裹几圈(做好后把5个绑成一串)。如此反复,一般一个芒糍要用5片芒叶。将芒糍包裹成头大尾尖,露出芒尾,像大秤砣形状,芒草中间再用另一种细芒草绕几圈捆绑结实。

⑤ 用大镬加清水和10%的柴火灰水,放入裹好的芒糍,先猛火后慢火煮12小时,捞起便可。

051

臭米糍

知识拓展：可包其他甜馅（枣蓉、糖冬蓉等）。

名吃故事

据说从前有一村妇，打算做糍粑给辛苦干活的丈夫吃，晚上提前用盆将糯米用水浸泡，准备第二天磨浆。然而，第二天一早，却有人来说她母亲病故，她火急火燎回娘家奔丧，头七过后才回到夫家，发现出门前泡的米发酸发臭。过去粮食紧张，村妇不舍得倒掉，便将米用清水洗净，磨成米浆继续做成糍粑。怕有臭味，便用梧桐叶包裹除臭，蒸好后全家人一起吃，却发觉这种糍粑更加软糯爽滑，米酸香味浓郁，附近农户知道后，也参照她的做法制作臭米糍，逐渐成为一种特色美食。

工艺流程

❶ 糯米洗净用水泡5~7天（夏季5天，冬季7~10天），中途不能换水，直至水起泡，有酸臭味。

❷ 将泡好的糯米磨成米浆，用布袋吊干水分。

❸ 取50克左右的湿粉团，包入花生、芝麻、白砂糖等馅料，压成长方形，再用梧桐叶子包好，放在竹搭上。用猛火蒸30分钟即可（馅料一般是用甜馅，莲蓉、豆沙都可以）。

韶州风味小吃

显公糍

名吃故事

客家人把蚯蚓叫作显公，因制作的糍粑形状似显公，便称之为显公糍。人们平时一般不做显公糍，要到较大型的节日时才做，显公糍需要配鸡汤、鸭汤等高汤才好吃。制作时一般用双手慢慢将糍粑揉搓成条盘卷造型，其口感爽滑、柔韧性强。现在能搓这糍粑的人很少，所以市面上很难觅其踪迹。

工艺流程

❶ 取粘米粉、柴灰碱水、适量清水，拌匀成米浆。

❷ 起镬下油，放入米浆，用镬铲不断翻铲米浆，待米浆逐渐成糊状，黏稠适度，七成熟左右铲起（米浆容易粘底，要快速翻铲，火不要太猛）。

❸ 稍凉后，取粉团，用双手搓成蚯蚓状，边搓边盘卷成一堆，一堆一般是一碗的量。放在簸箕里，用蒸笼蒸熟便可。

> **知识拓展**
> 此糍粑配高汤最为理想，也可以用三丝炒。

北乡银针糍

名吃故事

韶关客家地区的农村，在新生儿出生后家里都有做糍粑庆祝的习惯，特别是手搓银针糍，寓意添丁添福，期盼孩子快点长大，身体强壮。

工艺流程

① 米浆上笼，蒸至七成熟后出镬，揉成粉团。

② 将粉团分别搓成长7厘米左右，宽0.8厘米左右，中间大、两头小的条状后蒸熟。

③ 将蒸好的手搓糍慢火煎黄后，加入葱段、调料炒匀即可。

知识拓展

蒸熟的银针糍可凉拌，也可炒腊肉、青菜。

拳头糍

名吃故事

拳头糍主要是一种农村外出"搞副业"的人带出去作为午饭的小吃。以前"搞副业"的人能将油糍和拳头糍作为外带食物是很奢侈的。油糍可以补充油水，拳头糍能顶饱；拳头糍一般冷吃，口感十分柔韧劲道。做拳头糍的灰水浓度要比其他糍粑高很多，这样存放时间可以更长一些。以前客家人"搞副业"是指村民到离村较远的地方砍柴、伐木、砍竹，是从事田间劳动以外的其他体力劳动的统称，一般早出晚归。

工艺流程

❶ 浸米、磨浆。

❷ 起镬下油，倒入米浆、灰水、精盐、味精，用中火不断翻铲，铲至黏稠适度，七八成熟，铲起待用。

❸ 用手将粉团抓成小拳头形状，入蒸笼蒸15分钟便可。

> **知识拓展**
>
> 拳头糍如果搓得比较大，内里也可包咸、甜馅。

长埧鸡蛋糍

知识拓展：馅料可多样。

名吃故事

乐昌南部长来镇一带的村庄，历来有制作鸡蛋糍的习俗。鸡蛋糍是乡里乡亲联谊聚会时的一种小吃，因形状像鸡蛋，故名"鸡蛋糍"。

工艺流程

1. 先把大米洗好，用水泡3小时，再磨成米浆。
2. 放在大镬中慢火炒熟成粉团，捞起。
3. 粉坯中加入花生油和碱水搓匀。
4. 把猪肉、笋干、黄豆芽、酸豆角、煎鸡蛋切粒，和湿虾米一起下镬炒熟炒香，加调味料、葱白、姜粒制成熟馅。
5. 粉坯分成每个50克左右的剂子，包入馅料25克做成蛋形生坯。用芭蕉叶垫底排好，下镬，大火蒸40分钟即可。

乐昌九层糕

名吃故事

每到农历十月丰收的季节,乐昌长来镇各村就开始制作糍粑糕点,当地村民把早稻米磨成浆,一层米浆蒸熟后再铺一层米浆蒸熟,重复九层,最后一层米浆铺上后撒上一层馅料(河虾干、猪肉碎、猪油渣)蒸熟,做成九层糕,寓意"丰收好景长长久,生活质量步步高",作为赠送给亲朋好友的佳品。

工艺流程

① 把早稻米洗净,用清水浸泡4小时,用磨石磨成米浆,1 000克粘米起浆3 000克。

② 将河虾干、肉碎、切碎的猪油渣一起下热镬,调味炒香,制成馅料。

③ 取糕盘一只,放入米浆300克,蒸熟后再铺上一层生米浆,蒸熟,重复几层,最后一层落浆后撒上馅料,蒸熟撒上葱花即可。

知识拓展

磨石是中国家庭加工食物所用的一种传统工具。通常使用一对平圆石板(即磨石)来磨碎食物。一扇磨石固定不动,另一扇在其上作水平转动。食物通过上面转动磨石中部的孔注入,流入从下面固定磨石中心辐射出去的浅槽(称为磨道)内。磨道把粗粒食物引入平坦的磨碎面,食物经研磨后在其边缘排出。

061

韶州风味小吃

九峰桃胶粽

知识拓展

粽子可包三角形粽、塔形粽等。

名吃故事

乐昌九峰素有"十里桃花源"美誉，九峰粽子的制作方法与众不同。九峰满岭桃树，孕育出优质桃胶，九峰桃胶与当地张溪香芋、北乡马蹄（荸荠）齐名，有"素燕窝"之美誉。当地人制作粽子时将桃胶放入粽子里面，口感独特。

工艺流程

1. 取适量九峰桃胶，用清水浸泡8小时使其胀发。
2. 花生、绿豆洗净，用水浸泡1小时，猪肉切块，加生抽和精盐腌制；糯米洗净，浸泡约半小时，捞起后加入蛋黄、花生、绿豆、精盐、花生油拌匀。
3. 粽叶清洗后用热水泡软。
4. 桃胶、猪肉等放粽叶中间，包裹成四角形，用细绳扎实。
5. 下镬焓煮约6小时即可。

南雄篇

油山大禾糍

名吃故事

南雄油山镇位于韶关东北部，油山属于大庾岭山脉，群峰争翠，当地村民至今仍保持一年只种植中稻的习惯。大禾稻耐寒且生长时间长，非常适宜油山地区的种植。种植大禾稻每年4月中育秧，4月底插秧，10月初收割，生长期长达150多天。大禾稻种植行距很宽，产量相对较低，但米颗粒饱满、晶莹剔透，米质坚硬，用其制作的大禾糍韧中带脆，嚼劲十足，口感独特，是油山村村民接待客人的美食和回礼的手信。

大禾糍是采用杨桐树烧成灰后加入黄荆泡制成的灰水制作。每年春节前，村民上山砍下杨桐树枝，挖一个土坑，将杨桐树枝堆放于其中，燃成柴灰，柴灰装进特制的制灰木桶，加入黄荆树枝，倒入少量开水浸泡，过滤出浓灰水，俗称"头水"，留用，再次加入大量开水浸泡，滤出淡灰水。在农村打糍粑是一次小型的聚会，大家平时忙于农活难有空闲，打糍粑的时候相聚在一起畅谈，年味就在你来我往，打大禾糍的过程中弥漫开来。

知识拓展

将晾晒干后的大禾糍放入稻草灰水中加盖密封，可放置几个月而不变质。

工艺流程

❶ 大禾米用淡灰水浸泡8小时后再用水冲洗,沥干水分。

❷ 放入木甑蒸熟成米饭,倒出,拌入浓灰水放凉。

❸ 再次蒸热后倾入石臼,由6~8人用木棒捶打、搅动,将米饭绞烂成团状(俗称打大禾糍)。

❹ 米团起白,揉搓成大圆条后切厚块,每块约1.5千克,放在阴凉处晾干(3~5天),收起。

韶州风味小吃

珠玑贵妃酥

知识拓展

可根据个人喜好变换口味或制成不同形状。

名吃故事

　　胡妃原是南宋度宗皇帝的妃子，因遭当朝宰相贾似道陷害，被令出宫为尼。后胡妃逃出寺庙，在杭州被南雄珠玑巷富商黄贮万搭救并带回珠玑巷。胡妃为感谢当地百姓对她的接纳和照顾，把宫廷最先进的东西，如宫廷布艺、种花之道、宫廷小吃等，悉心传授给当地百姓。珠玑贵妃酥就是流传下来的宫廷小吃之一，脆酥香辣，深受老百姓的喜爱，是南雄地道的名小吃，也是春节必备的特色美食之一。

工艺流程

❶ 将粘米粉和糯米粉拌匀。
❷ 加入配料、调味料、水，一起搅拌。
❸ 搓成长条，切成厚0.3厘米、宽5厘米左右的薄片。
❹ 中火慢炸至金黄色即可。

灵潭南瓜酱

名吃故事

　　南瓜是农家常种农作物，盛产期长达四五个月，分春种和秋种两季，成熟后采摘的南瓜是一种耐储存的果蔬。因"南"和"难"同音，韶关的客家人有不留南瓜在家过年的习俗，意为避南（难）。为了防止家中储存的南瓜腐烂变质，显得不吉利，勤劳聪慧的客家人，把南瓜做成了美味的南瓜酱，南瓜酱色泽红润如玉，软糯有嚼劲，回味甘甜。因制作工序烦琐，现少有制作。

工艺流程

❶ 选老南瓜去皮、去瓤、去籽后切成粗丝。

❷ 南瓜丝晒至半干。

❸ 加入精盐、红糖粉、蒜蓉、辣椒粉、陈皮末、芝麻仁、糯米粉，拌匀后入笼蒸熟。

❹ 分成小块后晒干成型。

❺ 反复蒸晒（三蒸三晒）后即可。

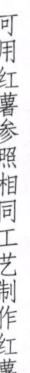

知识拓展：可用红薯参照相同工艺制作红薯酱。

韶州风味小吃

疍家船糍

名吃故事

南雄地处长江支流赣江和珠江水域的分水岭，南北水运交汇处，古时南雄商贾云集，许多商品都是靠水路进行运输，这些长期在水上运输货物的人就被称为水上人家，他们利用本地出产的大米、河中的鱼虾等制作出地道风味小吃——船糍，深受当地人喜爱。船糍的制作工艺在水上人家的手中已经传承了几百年，流传至今。

工艺流程

❶ 加水将米浸泡，冬天3到4个小时，夏天时间要短一点，然后将浸泡好的米磨成浆。

❷ 将米浆放入米袋压成干浆。用100克水和黄栀子煮成黄色栀子水备用。将结块的米浆压散，加入生粉拌匀。

❸ 清水500克烧开，然后分次加入压散的米浆搅拌均匀，加入黄栀子水、精盐和枧水（碱水），拌匀。

❹ 把米浆倒入蒸盘内，大火蒸20分钟至熟。

❺ 蒸好的船糍晾凉之后可以切块保存起来，方便炒或煮。

❻ 食用时将船糍切块，镬中放入生油，加切好的糍块、河虾仔或河鱼仔干、葱花、调味料等炒熟即可。

知识拓展

可用糯米粉或粘米粉加澄面做船糍，船糍可切件加料炒、煮、煎等。

南雄篇

韶州风味小吃

南雄饺俚糍

名吃故事

古老的雄州镇（今南雄城区）镇上有条凌江河（浈江上游），很多人无房无地，靠打鱼为生，当地人称他们为"船佬"。随着经济的发展，"船佬"上岸做生意，把他们的传统小吃带上岸，称为"饺俚糍"。"饺俚糍"外形像饺子，实则是糍粑，色泽金黄，外皮软韧通透，好看又好吃，深受大家喜爱。2023年，饺俚糍制作技艺被列入韶关市第九批市级非物质文化遗产代表性项目名录。

工艺流程

① 取3粒黄栀子磨碎加水煮，直至呈橙黄色。

② 将澄面和木薯生粉过筛拌匀，放入盆中，倒入用黄栀子煮好的开水中，搅拌，加入猪油，揉成面坯。

③ 面胚搓条，分成每个15克的剂子，拍压成饺子皮模样。

④ 包入酸菜等馅料，如油角一样捏起卷边。

⑤ 上镬，中火蒸6分钟即可。

知识拓展

黄栀子可提取天然色素，粤北山区有这种植物，每年9—11月成熟，当地人上山采摘植物后晒干，一年四季均可用。

南雄篇

南雄铜勺饼

知识拓展

可做成黄豆饼、酸菜饼等，也可用粘米粉加清水调浆。

名吃故事

　　铜勺饼俗称"铜铁勺米果"，因其制作时使用一种铜质平底小勺而得名，是韶关著名的传统小吃，以南雄"珠玑"铜勺饼最有特色。铜勺饼色泽金黄、香酥可口，深受大众喜爱。2021年，南雄铜勺饼制作技艺被列入南雄市第七批县级非物质文化遗产代表性项目名录。

工艺流程

❶ 大米用水浸泡3小时，然后磨成粉浆。
❷ 花生洗干净，用冷水浸泡10～15分钟，捞起，沥干水分。
❸ 将米浆均匀地摊匀在平底铜勺上，然后将花生放置在面上，再淋上一层米浆。
❹ 将上好浆的铜勺放入油镬里炸至金黄色，捞起，沥干油。

韶州风味小吃

湖口牛干脯

知识拓展

可以用猪肉或羊肉参照相同工艺制成猪肉脯或羊肉脯。

名吃故事

相传湖口镇牛岗行每逢散圩后（赶集结束），牛屠夫就将未售完的牛肉带回家晒干保存，来客人时拿出来煮熟，加辣椒和米酒焖制接待客人，但牛膻味过重。到了清末，当地牛屠夫萧德望非常喜欢研究美食，把新鲜牛肉切成粒晒干，再用米酒浸泡，入镬炒香后加入指天椒、沙姜、八角、桂皮、花椒、甘草、陈皮和草果等香料爆炒，最后加入食盐、酱油、糖、米酒和适量清水，焖煮使其入味后出镬，香气扑鼻，嚼劲十足，鲜香劲辣，回味无穷。

牛干脯是南雄客家美食文化中很具代表性的风味小吃之一。2021年，牛干脯制作技艺被列入南雄市第七批县级非物质文化遗产代表性项目名录。

工艺流程

❶ 新鲜黄牛肉切条风干。
❷ 米酒浸泡并炒香肉干。
❸ 加入调料翻炒入味。
❹ 加清水焖煮，温火收汁。

南雄豆浆糍

知识拓展
可做成咸味、不辣等风味。

名吃故事

　　客家人南迁时经过珠玑巷，巷南门约20米处有一座元代实心石塔，叫"胡妃塔"（建于1350年），这是广东唯一有年代可考的元代古塔。胡妃原是南宋度宗皇帝的妃子，后被奸人陷害出逃，在杭州被南雄珠玑巷富商黄贮万搭救并带回珠玑巷。胡妃为感谢当地百姓对她的接纳和照顾，把宫廷最先进的技艺悉心传授给当地百姓。南雄豆浆糍便是流传下来的宫廷小吃之一，色泽金黄，口感香糯、软滑，有南雄最美小吃称号。2021年，南雄豆浆糍制作技艺被列入南雄市第七批县级非物质文化遗产代表性项目名录。

工艺流程

❶ 大米、黄豆一起浸泡，磨成豆米浆。
❷ 浆中加入香葱、精盐、辣椒粉，搅拌均匀。
❸ 把浆倒入铁勺或铜勺模具内，放入170℃油镬中炸至成型、色泽金黄时捞出。

仁化

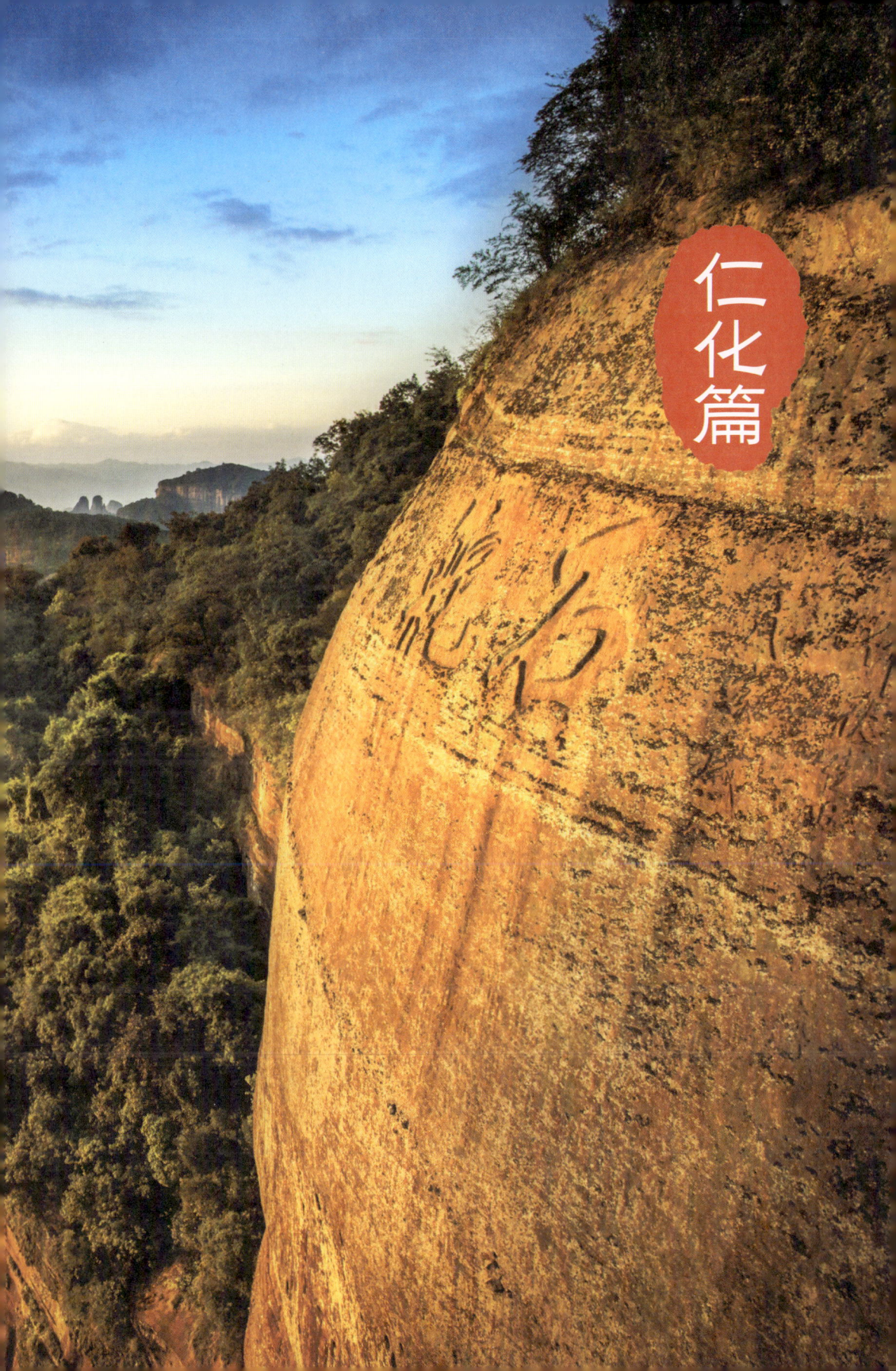

仁化篇

河蚬菜羹

知识拓展

可做成面粉疙瘩羹。

名吃故事

河蚬菜羹在仁化一般只有水上人家才做，市面上不见有售。夏天做这道菜羹要粉团少、汤汁多，羹要稀点；冬天则要粉团多、汤汁少，羹要黏稠些。吃菜羹一定要趁热吃，烫嘴冒汗才香。

工艺流程

❶ 粘米粉加灰水（柴火灰水），用开水搅拌成生熟浆。

❷ 起镬爆油渣、虾米、鱼干（切碎）、干冬菇丝，下去壳的黄沙蚬肉，加清水，加精盐、味精、胡椒粉调味，汤沸后将生熟浆用手抓成小团状放入沸水里煮熟。

❸ 加入绿豆芽、小白菜、胜瓜（部分广东人称丝瓜为胜瓜）略煮，放入芫荽、葱花、麻油便可。

韶州风味小吃

蕨根粉糍

知识拓展

可调成稀浆蒸熟，做成方块状。

名吃故事

蕨根要用山上的芒萁（别名狼萁）的根，挖好洗净、捶打出浆粉，沉淀后取其浆粉，晒干备用。蕨根粉具有清热利尿、化瘀、止血的功效。相传以前仁化城口、长江、扶溪、闻韶一带的村民，凡有上火湿热、肠胃不适等情况，调一碗蕨根粉羹，喝下后便会感觉舒服。用蕨根粉做糍粑口感非常好，有的包馅像汤丸，有的不包馅做成小粒来煮，口感劲道。

工艺流程

❶ 蕨根粉用清水拌匀，加入开水搅拌成生熟粉团。
❷ 花生仁炒香，去衣碾碎，加上炒芝麻、白砂糖拌匀做馅。
❸ 将粉团出体，包入花生芝麻馅，成小汤丸形。
❹ 加清水、黄糖、姜片煮沸，放入蕨根粉团，粉团煮至浮起熟透便可。

仁化篇

锦江虾米糍

名吃故事

虾米糍是仁化扶溪镇附近的特色小吃，与梅州大埔的老鼠粄很相似，但颗粒比较大，而且形状像虾米，口感非常特别。冬天可用腊肉炒或用猪杂鲜菇汤煮。做虾米糍的米一般要用晚稻粘米，晚稻米比较有韧性，揉搓粉团时要用力，揉起劲，吃起来才弹牙。

工艺流程

1. 粘米用清水浸泡后，用石磨磨成米浆。
2. 取三分之二米浆放入食粉拌匀。
3. 起镬，加油，下米浆，中火炒至七成熟，捞起放入盆中。
4. 将生米浆倒入盆中与生熟浆搓匀，稍加适量的花生油，搓至柔韧光滑。
5. 用一大镬将水烧开，镬上置一特制的模具（用木头做成，里面均匀有洞），用力搓擦粉团，使其通过小洞孔掉入开水里，浮起后马上过冷水待用，形状像大虾米，故名虾米糍。
6. 将做好的虾米糍，加腊肉、冬笋、冬菇、芹菜、蒜苗、青红椒丝炒至够镬气便可。

知识拓展

可用猪杂鲜菇汤煮。

扶溪蕉叶糍

知识拓展

可包多种咸、甜馅。

名吃故事

扶溪蕉叶糍，一般四五月有新蕉叶时开始制作，馅料五花八门，有笋干的、豆角的、酸菜的，各有风味。洋芋也叫蕉芋，比较怕霜冻，所以霜冻后就不做蕉叶糍。现在当地也有人用竹叶或者干荷叶替代蕉叶，但口感差异大。制作蕉叶糍用当地产的酸笋、茄子做馅，风味极佳。

工艺流程

❶ 洋芋叶裁剪成A4纸大小，洗净用开水烫过，过"冷河"捞起，沥干水分待用。

❷ 粘米粉加草木灰水、精盐、味精、清水拌匀，起镬，加油，放入粉浆，炒至七八成熟待用。

❸ 将酸笋、辣椒、茄子、五花肉、鱼干切粒调味，炒熟待用。

❹ 将洋芋叶底面朝上，平铺在案板上，上面放粉浆团，按成长12厘米、宽7厘米、厚1.2厘米大小的长方形，中间窝一点下去，放上炒好的馅料，四边折起，包好成长方形。

❺ 将包好的蕉叶糍（未熟）平放在有小孔的蒸托里，入蒸笼蒸20分钟至熟便可。

长江白糖饼

名吃故事

仁化长江镇地处粤、赣、湘三省交界之地,在当地杨氏家族里盛传一个典故:太爷爷是好读书的文化人,写得一手好字,平时帮镇上村民代写书信,家里至今还保留有太爷爷的诸多纸墨文字。太爷爷当年入省赶考,太奶奶发现家里只有少许糯米和糖块,就将糯米炒熟、压碎成粉,与糖块一起加水糅合,制成饼块,让进省赶考的太爷爷带上做干粮。太爷爷看着饼块问太奶奶是什么,太奶奶随口取名:白糖糕,希望太爷爷考取功名,高中状元。后人把白糖糕称为白糖饼,是一款传统的风味小吃。

工艺流程

❶ 先用水将白砂糖煮成糖浆。
❷ 糯米炒熟,打成糯米粉。
❸ 取糯米粉与糖浆拌匀,入饼印压制成型。
❹ 用竹簸箕蒸5分钟,米饼熟后晾凉即可。

知识拓展

粉团可加入炒香的花生仁、芝麻仁、核桃仁等,增加香味。

仁化篇

古夏大康糍

名吃故事

仁化古夏村糍粑起源于明朝,距今已有600多年历史。古夏糍粑衍生于古老的"禾斋节"上人们庆祝丰收,并祈求来年五谷丰登、风调雨顺而制作的传统特色美食。糍粑全由扶溪本地五谷杂粮纯手工制作而成,古夏糍粑历经几百年的传承发展,品种繁多、老少咸宜,是仁化优秀传统饮食文化的代表,更是令人回味的家乡味道。

工艺流程

1. 将优质大米用铁镬炒熟、炒香后碾成细腻米粉。
2. 把花生仁、黄豆倒入镬中炒香后,用木棍将其擀碎,再拌入白砂糖制成馅料。
3. 糯米粉中加入凉开水,揉搓成生坯,分成每只250克,放入装有开水的大镬中煮熟,捞起放入石臼舂,捣成糍粑。
4. 取糍粑25克包入馅料15克,捏实,裹上米粉即可食用(即做即吃,尤其美味)。

知识拓展

馅料里可加入炒香的核桃仁、芝麻仁等。糍粑可裹上椰蓉、蜂蜜等一起吃。可调成稀浆蒸熟做成方块状。

韶州风味小吃

古井翻生糍

知识拓展

可包各种咸馅，也可包甜馅。

名吃故事

传说很久以前有一年农历六月，正值稻田里的禾苗扬花抽穗，却连续月余滴雨未下，稻田干旱，眼看庄稼就要枯死，人们做糍粑去庙里供奉菩萨，祈求上天降雨，并抬出麻公三杏菩萨绕庄稼地一周求雨。由于人们的虔诚和菩萨的善良保佑，当晚便下了一场倾盆大雨，大雨过后，所有庄稼复活了。为了纪念麻公三杏菩萨，每年农历六月人们都做好糍粑去供奉，因为这糍粑供奉菩萨能使庄稼起死回生，所以便把这种糍粑叫作"翻生糍"。

工艺流程

❶ 糯米洗净泡水6小时。
❷ 将糯米磨成米浆，用布袋吊干水分。
❸ 用适量柴火灰水搓匀。
❹ 将搓好的糯米粉分成小粉团，放碟上摆放整齐，入蒸笼蒸20分钟至熟。
❺ 取出，趁热裹上熟芝麻、花生、白砂糖馅便可。

仁化篇

095

韶州风味小吃

古夏谷花糍

名吃故事

　　谷花糍色泽金黄诱人，皮脆、馅香甜，特别是用柴火烧大铁镬将优质糯谷猛火翻炒，爆出的雪白谷花，拌上糖稀，裹上粉皮油炸定形，成品外酥香、内脆甜，为仁化县传统风味小吃之典范。

工艺流程

❶ 用柴火把大镬烧热，倒入当季新出产的糯谷，高温快速翻炒，爆出谷花。
❷ 挑出谷花中的稻壳等杂物，摊晾几天让谷花稍微润湿。
❸ 将冰糖和水及少许花生油熬制成黏稠的糖浆。
❹ 把谷花加入糖浆捏成小团，并用准备好的粘米粉翻滚包裹。
❺ 放入油镬，用微火将谷花团炸至酥脆即可。

知识拓展

谷花加入糖浆捏成小团后可用糯米粉、面包糠、脆浆包裹再炸。

始兴

始兴篇

韶州风味小吃

始兴宰相粉

知识拓展

炒制过程中少量多次加入清水可使宰相粉保持软滑香糯而不干。

名吃故事

在盛夏时节踏入将相故里——韶关市始兴县隘子镇，人们往往会发现很多村庄的空地上都在晾晒一束束晶莹剔透，在阳光照耀下宛如美玉的粉状物。

这种"似粉非粉、似面非面"的食品，便是有着千年历史之久，曾相伴唐朝名相张九龄少年苦读十多年的著名"宰相粉"。千百年来，始兴人将宰相粉的制作工艺代代传承，并传播到了翁源、曲江、仁化、南雄等地，成了粤北地区家喻户晓、老少欢迎的著名特产。宰相粉既浓缩了粤北劳动人民手工制作美食特产的传统工艺文化，又蕴含着岭南地区的饮食习惯和消费习惯，还深藏着"岭南第一人"张九龄的名人渊源。2015年，宰相粉制作技艺被列入广东省第六批省级非物质文化遗产代表性项目名录。

工艺流程

❶ 泡软的宰相粉捞出控水，准备鸡蛋、葱花、豆芽等配料。

❷ 鸡蛋炒至金黄色，下米粉、豆芽，放精盐、生抽、老抽，翻炒均匀即可。盖上镬盖焖一会儿口感更佳。

韶州风味小吃

司前竹筒糍

知识拓展

可加芫荽、玉米粒、腊肉粒等丰富口感。

名吃故事

　　竹筒糍是司前镇的特色小吃，主要是以米浆、剩饭来制作，口感外酥脆、内软滑，香气扑鼻。以前因物资匮乏，没有金属炊具，勤劳智慧的劳动人民就地取材，使用当地的竹子做成炊具来制作这种糍粑，因此取名竹筒糍。竹筒糍形状似圆柱，直径大约为5厘米，高为6厘米。2020年，竹筒糍制作技艺被列入始兴县第七批县级非物质文化遗产代表性项目名录。

工艺流程

❶ 大米洗净，用清水浸泡3小时后磨成米浆，加精盐、葱花调匀。

❷ 热镬烧油至160℃，竹筒用热油浇一遍后装入调制好的米浆，中火下镬，炸至金黄色即可。

始兴篇

古郡烫皮

名吃故事

粤北地区的客家人在接待贵客时有煮汤碗的风俗，吃汤碗不是正餐，而是在正餐前的一种点心。对于客家人来说，吃汤碗不仅是享用一道美食，更是一种礼遇。作为一种美食习俗，吃汤碗一直传承下来，对于现在的客家人来说，一般婚嫁、办满月酒等喜事的时候会煮汤碗，表达对新媳妇、新姑爷、送嫁团、新生儿的尊重（喜爱）和祝福。

煮汤碗的主要原料是客家人用米浆蒸制的一种烫皮（类似于河粉），是客家人给客人回礼的主要手信。如果在路上看见有妇女用箩筐担着烫皮，那她一定是从娘家做客回来。家里有客人来了，主人都会把烫皮用火烤熟，或用沙炒熟，或用油炸熟后招待客人，作为餐前的茶点。烫皮不仅是一种美食，它还承载着客家人对生活的热爱和对亲人的美好祝福。

工艺流程

❶ 先把早稻米用草木灰水浸泡4小时，加入黄栀子磨成米浆。

❷ 把米浆倒入簸箕内，摇成均匀小薄层后放入镬中高温蒸熟。

❸ 弄成圆形或半月形晾干，也可晒至七成干时把烫皮卷起，按需要切成不同形状。

知识拓展

烫皮可以制成原味，也可以根据个人爱好加入葱、蒜、辣椒、芝麻等。

始兴篇

105

太平酸菜糍

名吃故事

粤北客家人以前主要食用花生油和茶籽油，农村古法榨油沿用传统工艺，石磨碾碎，木甑蒸热，用稻草箍扎包饼，装入榨油耆，经过不断拍打榨出油，每一道工序均靠人工操作并依靠特定技艺来完成。榨油坊的设备由集体投入，榨油的师傅一般是由各村派出身强体壮的劳动力参加，农户来榨油需交少量的加工费。榨油是一项繁重的体力工作，榨油坊的师傅对于各村各户作出了很大的贡献，而对于榨油师傅本身，除了完成集体的任务，更多的是一份技艺的传承。

酸菜糍是粤北客家地区一个历史悠久的传统美食。酸菜糍色泽金黄、酥脆咸香。旧时农村各家榨油后，为了对榨油工人的辛勤劳动表示感谢，勤劳智慧的客家人就地取材，使用米浆、酸菜制作出了这道经典的风味小吃来犒劳榨油工人。

工艺流程

1. 把酸菜切碎，炒干水分，加入蒜蓉、辣椒粉备用。
2. 粘米粉加清水和精盐、葱花，拌匀调成米浆。
3. 镬里放油烧热，放入空的铜勺烧热。
4. 热铜勺中注入一层薄米浆，酸菜捏成团放入铜勺的中间，再加盖一层米浆封面，入油镬炸至金黄色即可。

> **知识拓展**
> 可用南瓜、茄子、红薯等作馅料制作成不同风味。

韶州风味小吃

围楼炸芋圆

知识拓展

用炸芋圆方法，可炸莲藕圆、土豆圆。

名吃故事

在始兴客家地区的农村，凡是每年的春节、中秋佳节，农民都有炸芋圆的风俗习惯。炸芋圆具有"酥、香、脆"的口感，寓意团团圆圆，深得大众喜爱。

工艺流程

① 将大禾芋去皮洗净，刷成芋蓉，加入精盐、葱花、粘米粉、油，搅拌均匀。

② 芋蓉分件，每件重30克，搓成圆形。

③ 放入油镬，用六成热油温炸至金黄色即可。

东湖坪麻糍

知识拓展

糯米洗净浸泡后用饭甑蒸熟。糍粑煎好后可蘸蜂蜜或红糖浆吃。

名吃故事

每当农忙过后，客家人都会将刚收割回的新糯米"打麻糍"，庆丰收。打糍的时候，全村或整寨之人围在石臼旁边，男人们抡木锤，将糯米饭捶成糍粑团，女人们在旁边拌料，闲话家常，孩子们则拿着刚打出来的糍粑或刚煮好的糯米饭团嬉笑打闹，整个村子欢乐祥和。

工艺流程

1. 将白芝麻、花生炒香压碎，加白砂糖混合在一起，拌匀待用。
2. 糯米洗净煮熟，趁热倒入石臼，用木锤（棒）捶打成糍粑。
3. 取出糍粑团，搓成每个50克的圆形小糍粑，稍稍压扁。
4. 烧热铁镬，放入少量花生油，把小糍粑放到镬里，煎至两面金黄色铲起。
5. 将煎好的糍粑粘上制好的花生、芝麻即可。

始兴篇

韶州风味小吃

石磨韭菜糍

知识拓展

韭菜可用菠菜、芹菜等其他食材代替。

名吃故事

　　在立夏，始兴人最热衷的就是"磨韭菜糍"。始兴俗语有说："立夏不吃糍，一年都避时。"据说立夏吃韭菜糍能带来好运气。古时候立夏当天，始兴人家家户户都会磨韭菜糍，现在生活节奏变快，在城市工作的人仍不忘这道经典美食。立夏当天，始兴县城、各乡镇的大街小巷都能见到现场制作销售石磨韭菜糍的摊档，成为当地一道独特的风景线，很多外地游客专程赶来始兴感受隆重的节日气氛，品尝始兴的石磨韭菜糍。

工艺流程

❶ 粘米洗净后用清水浸泡3小时，韭菜洗净、切碎。
❷ 将浸泡好的大米、韭菜、冷饭一起用石磨磨成绿色米浆。
❸ 在绿色米浆中加入鸡蛋、精盐，调匀。
❹ 将平底镬烧热，加入适量油。
❺ 放入约200克调好的绿色米浆，用中慢火煎熟即可，食时切件。

始兴篇

韶州风味小吃

香菇米浆糍

知识拓展

可用马蹄、沙葛等制成不同风味的米浆糍。

名吃故事

传统米浆糍多用腊味和萝卜制作，但因为粤北的萝卜多为九月份上市，此时当季的腊味还未到时节，所以韶关本地人创新选用本地特产冬菇替代腊味，和萝卜一起制作，成为具有地方特色的香菇米浆糍。当地人对比发现，用韶关地区特产的冬菇品质更佳，制作出的香菇米浆糍别有一番风味。

工艺流程

1. 将萝卜去皮切成丝状，湿冬菇切成小粒状，虾米洗净。
2. 将冬菇粒、虾米用生油爆香，加入萝卜丝一起炒匀，加水煮至熟透。
3. 将粘米粉、粟米粉放入盆中（或蛋糕桶），将1225克清水分几次加入，调成粉浆，在粉浆中加入精盐、味精、白砂糖、胡椒粉拌匀，过筛。
4. 把煮好的萝卜趁热倒入粉浆中拌匀，成半生熟粉浆。
5. 倒入已扫油的九寸方盘内，抹平，用大火蒸约1小时，蒸熟出炉，待完全冷却后切件即可。

始兴篇

翁源

翁源篇

韶州风味小吃

龙仙油罩糍

名吃故事

　　十月社又称十月朝（zhāo），因其社期日是农历十月十三，当地百姓又直截了当地称它为"十月十三"，该社期习俗流行于韶关地区。当天，人们都会以油罩糍和酒肉招待各方来的客人，油罩糍的起名源于其制作工具，油罩糍是用一个叫油罩的炊具，盛上米浆放入油镬中炸熟而成，因此得名。2019年，油罩糍制作技艺被列入翁源县第七批县级非物质文化遗产代表性项目名录。

工艺流程

❶ 选择优质冬米（二季晚稻），清洗5～6次米皮，用冷水浸2小时，用石磨磨成浆。

❷ 将小河鱼去内脏洗净，放入姜、葱、精盐，腌制10分钟。

❸ 白萝卜切丝，放入精盐后用力拌匀，抓出水，再用清水洗净盐分，沥干水后备用。

❹ 取一半米浆用慢火煮熟，放入生姜，加入萝卜丝、精盐拌匀。铁镬烧油，将油罩放入油镬中浸30秒，用勺子盛浆至油罩中，油罩上放上一条小鱼，下油镬炸10秒，抖开油罩，慢火炸成金黄色。

> **知识拓展**
> 加入不同的辅料，可制作不同的口味。

韶州风味小吃

连溪米面

名吃故事

翁源连溪村气候适宜，土壤肥沃，盛产优质大米。勤劳的连溪人民用大米，加上当地独有的山泉水，通过磨浆、摊皮、晾晒、切丝等工艺制作出连溪米面。连溪米面线条均匀、晶莹透亮，制作时加青菜、鸡蛋等切丝快炒，入口软滑清爽、口齿留香，已流传了一百多年，远近闻名。2023年，连溪米面制作技艺被列入韶关市第九批市级非物质文化遗产代表性项目名录。

工艺流程

① 将米面用清水浸泡，捞起沥干水分。
② 菜心洗净后斜刀切好，包菜洗净切粗丝，红萝卜切丝，青葱切段。
③ 将鸡蛋搅拌后用中火炒熟待用，菜心、包菜炒至断生。
④ 烧镬下油，中火将银芽炒熟后，放湿米面翻炒一会，放入调味料慢火炒匀，再放入鸡蛋、红萝卜丝、包菜、菜心、青葱段炒匀装盘即可。

知识拓展

食用炒连溪米面时，加入本地生产的辣椒酱，风味更佳。

韶州风味小吃

周陂花麦糍

知识拓展

花麦连壳一起磨碎，成品口感会更丰富、更香甜。

名吃故事

陈璘，字朝爵，号龙崖，韶关翁源县人，明代名将、抗倭英雄。陈璘在朝任职时，让宫廷的御厨把家乡种植的花麦磨成粉，制作成糍粑献给皇帝品尝，皇帝尝后大加赞赏，下旨把花麦糍作为军中食物。时至今日，翁源县周陂镇龙田村仍然大规模种植荞麦，荞麦花遍野盛开时，白茫茫一片，微风吹拂，麦浪滚滚。2021年，周陂花麦糍制作技艺被列入韶关市第八批市级非物质文化遗产代表性项目名录。

工艺流程

❶ 将花麦粉加水、精盐调制成稀糊，加入葱花。

❷ 将适量稀糊倒在不粘镬上，用木铲均匀摊成薄薄的一层圆饼状，用慢火煎至金黄色即可。

韶州风味小吃

瀚江鸡蛋酥

知识拓展

客家蛋酥方便储存和携带，可作为送礼佳品。

名吃故事

　　瀚江鸡蛋酥是韶关的一款风味小吃。曾经有一名厨师深入翁源县乡村寻找特色美食。一天来到翁源县江尾镇南塘村湖心坝，其间偶遇一老人正津津有味地吃着小吃，厨师了解得知，这是当地人用鸡蛋液、面粉等炸制而成的小吃。厨师对此进行了改良，研发了瀚江鸡蛋酥，得到了食客们的欢迎。

工艺流程

❶ 鸡蛋去壳打散，加入白砂糖、精盐，搅拌均匀。

❷ 麦芽糖放入蒸柜蒸至融化，芝麻慢火炒香待用。

❸ 铁镬烧油，将鸡蛋液用密筛隔开倒入油镬，快速搅拌、转动热油，待鸡蛋炸至金黄色，快速倒入麦芽糖浆，充分搅拌均匀。

❹ 炸至金黄色时用密筛捞起沥干油，倒入铺好油纸的长方形托盘里，用筷子均匀打散，撒上芝麻，用另一个托盘将蛋酥压实至2厘米厚。

❺ 将压好的蛋酥切成5厘米长、2厘米宽即可。

姜蓉菜包

知识拓展

莙荙菜味甘、性凉，食用时加入姜蓉可以中和寒凉，增加风味。

名吃故事

姜蓉菜包又叫外婆菜包，以粤北地区广泛种植的莙荙菜（秋冬时期特有）菜叶作皮，加入韭菜、猪肉、薯粉混合在一起，包成形状扁圆的菜包。刚出镬的菜包圆润可爱，油光发绿，加上姜蓉食用，可驱走秋冬的寒冷。家庭聚会的时候做一份圆圆的酿菜包是长辈对儿孙们的爱，是团圆的象征，是简单而又踏实的幸福。

工艺流程

❶ 莙荙菜洗净，用开水快速灼熟，过冷水。
❷ 韭菜切碎，五花肉剁成小粒，猪油渣剁碎。
❸ 将韭菜、五花肉、猪油渣调味拌匀，红薯粉用水调成糊，放入猪油一起拌匀，做馅料。
❹ 将莙荙菜平铺，放入馅料，包成小正方形。
❺ 热镬下油，放入菜包煎香，放入清水，慢火煮至水干，再煎香即可。
❻ 以姜蓉作为味料。

韶州风味小吃

周陂米饺

知识拓展

选择优质冬米（二季晚稻），既有韧性，又有米香。

名吃故事

客家人南下迁到粤北生活，发现所在地区盛产水稻，小麦则极少，但是祖祖辈辈日常饮食都是饺子、面食等，迁徙到周陂地区的客家人就利用当地盛产的优质大米，磨成米浆，经过熬煮成团，加入当地食材制成馅料，包成饺子的形状，蒸熟，配以酱料食用。客家人在这片土地扎根的同时，周陂米饺也在这片土地扎根并流传在外，延续数百年。2019年，周陂米饺制作技艺被列入翁源县第七批县级非物质文化遗产代表性项目名录。

工艺流程

1. 洗5～6次米皮，用冷水浸4小时。
2. 用石磨磨成浆。
3. 倒入镬内用中火边煮浆边搅拌，至五成熟再转用小火煮，直到米浆滚沸发出"拍"的响声为止。
4. 粉团分小块，用擀面杖擀成薄薄的饺子皮，包上馅料后，用猛火蒸10分钟即可。

翁源冰花饼

名吃故事

明朝抗倭名将陈璘将军带兵打仗时，乡民送的军粮有稻谷、花生、黄豆、芝麻、栗子、麦子等。这些粮食蒸煮不便，又不好携带。陈璘便叫手下把花生仁、黄豆、芝麻、栗子、麦子炒熟，磨成粉，再把黄糖煮成水，熬成稀糊状，与杂粮粉混搓成湿土状，然后放入竹筒压实，最后取出蒸熟。这样制作的饼更结实，不易松散，便于携带，味道香甜。后来当地乡民就按这种方法制出"竹筒饼"，原料多用糯米粉、花生粉、芝麻（皆先炒熟再磨粉）、黄糖。后来有人把"竹筒饼"缩小，又称"猪屎饼"（形状相似），再演变成"冰花饼"。冰花饼改用冰糖粉末加黄糖。如今，冰花饼已成为翁源的代表小吃。

工艺流程

❶ 精选花生。

❷ 炒花生（约炒40分钟）。

❸ 炒好的花生和黄糖一起打碎（打两遍，一般配比是500克花生配250克黄糖，加少量白砂糖调味）。

❹ 放在模具上压制成型。

❺ 包装成盒。

> **知识拓展**
>
> "作珍芝麻冰花饼"曾荣获第二届中国食品展销会金奖。

古邑豆橙

名吃故事

花生在客家话中叫作番豆，被冰片糖和麦芽糖包裹后，颜色黄澄澄的，因此取名豆橙。豆橙的制作工序精细，选用优质的花生加工制作而成。逢年过节，客家人招待客人时总会端出一盘豆橙，吃一把，满嘴香甜。

工艺流程

❶ 精选花生。

❷ 炒花生（约炒40分钟）。

❸ 将麦芽糖和冰片糖熬成糖浆（用小火熬）。

❹ 将炒好的花生放入熬好的糖浆内，倒在专用的板上压平，再用刀切成方块状，包装好即可。

知识拓展

客家话中有「番」字的词通常都是指舶来品，以前客家人出海下南洋叫「过番」，带「番」字的词还有番茄（西红柿）、番薯（地瓜）等，都是来自海外。

新丰

新丰篇

韶州风味小吃

新丰艾糍

名吃故事

艾糍在新丰地区流传了400多年，数回龙镇蒲昌村的艾糍最好吃、最闻名。在新丰艾糍制作过程中添加一种用植物烧成灰制成灰水的原料，以及当地新采摘的艾草，做出的艾糍通体透亮、碧翠欲滴、软绵细腻。

艾草古往今来被人们当作医用草药，具有温经通络、行气活血、祛湿逐寒、消肿散结的功效。相传在康熙年间，回龙蒲昌罗东坑的罗氏以给人放鸭（养鸭）为营生，长期在水边活动，得了软脚病，其妻将艾草用水煮开后放入每天的干粮中给他服用，几周后病症消失。后来每年开春到清明，罗家又将艾草与糯米磨成浆，再通过蒸煮，制成艾糍赠予乡邻，人们食用后赞不绝口，纷纷效仿，并根据个人喜好在艾糍中包入不同口味的馅料，艾糍变成了当地家喻户晓的一种美食流传开来。2020年，新丰艾糍被列入新丰县第六批县级非物质文化遗产代表性项目名录。

知识拓展

艾糍馅料可以根据个人喜好选择甜馅（花生仁、芝麻、糖）或咸馅（冬菇、莲藕等素食材料）。

工艺流程

❶ 将植物树枝烧成灰，加水搅拌均匀，制成灰水。

❷ 在糯米中倒入灰水，浸泡3~4小时。

❸ 将艾草放入开水中煮，捞起捣碎。

❹ 糯米与艾草磨成米浆,沥出水后晾干,做成艾糍粉。

❺ 艾糍粉加水制成粉团,搓条,捏成碗形,包入馅料;开大火蒸制12分钟后,表面刷上少许花生油即可。

韶州风味小吃

梅坑虾公堆

知识拓展

其内料丰富，河虾与各种蔬菜结合，营养、口感丰富，也便于携带。

名吃故事

　　新丰梅坑镇坐落于广东省级自然保护区云髻山麓，地处新丰江源头，山清水秀。梅坑古村落周边的古道连接河源、惠州一带，人口迁移、商来商往，途经此道会暂住"歇脚"，当地人借用北江油罩糍做法，用米浆与当地丰富的河虾、蔬菜瓜果混合，利用圆柱形模具炸制出虾公堆，方便过路人携带赶路食用。因其馅料丰富、香味诱人、耐存放，深受人们欢迎，"虾公堆"因此得名。现今，梅坑古道昔日繁华不再，"虾公堆"这道外酥里软、清甜可口的点心却作为传统小吃流传至今。

工艺流程

❶ 生米浸泡后磨成米浆，加精盐调好。

❷ 胡萝卜、葛、薯及各种时令蔬菜洗净切丝，葱花放入米浆里混匀后，铺撒一层虾米。

❸ 将混好的米浆放入一个圆柱形的模具，入油镬中高温炸至金黄色，脱模浮起即可捞出。

韶州风味小吃

马头喜庆红糍

知识拓展

可包入不同的熟馅料，做出不同风味。

名吃故事

红糍由糯米粉、粘米和红曲粉制成，寓意红红火火，是客家人逢年过节、嫁娶婚庆、乔迁之喜、祈福许愿等喜庆盛事都会用到的客家美食。成型所用的饼印（模具）是新丰张田饼印，饼印花式多姿多彩，有双龙云片、和合二仙、鸳鸯穿莲、荷蝶、八仙、十八罗汉、福禄寿及梅兰菊竹等，具有浓厚的乡土气息和民族特色。

工艺流程

❶ 糯米磨成米浆，用布袋压去水分。
❷ 将红曲粉加入米粉中，揉匀成米团。
❸ 米团包入花生芝麻馅，用张田饼印压制成型。
❹ 烧开水，放入蒸笼中蒸熟即可。

韶州风味小吃

云髻仙草粉

知识拓展

食用时根据喜好可加入蜂蜜、糖浆、炼乳、椰奶等。

名吃故事

新丰云髻山，俗名"亚婆髻"，主峰海拔1 434.2米，为县里最高峰，位于县城西北8千米处。亚婆髻远望似螺髻，四时云雾缭绕，故有"髻岳堆云"之景，为《长宁县志》记载的旧八景之一，山上适宜仙草生长。仙草可清热利湿、凉血解暑、解毒。仙草凉粉滑溜爽口，风味独具一格，可解渴，也可充饥。

工艺流程

❶ 新鲜的仙草摘回来后用水清洗干净。

❷ 水煮仙草至软烂后用清水揉洗，最后滤去梗渣，取仙草的滤液。将粘米粉加水搅拌冲开，然后倒入仙草汁中充分拌匀。

❸ 放镬里煮，其间需要不停搅拌，直接煮开，呈浓稠感觉并滚起大泡泡的时候关火。过滤后再装入容器，完全冷透即可。

韶州风味小吃

沙田发糕

知识拓展

若使用白砂糖制作发糕,则颜色洁白。

名吃故事

新丰县素有"九山半水半分田"之称,相传很久以前,有一客家农妇,原本想磨些米浆做糍粑,因小孩突然生病,只能将磨好的米浆放到一边,急忙带着小孩出山看病。第二天回来时米浆已发酵起泡,为了不浪费粮食,农妇加入了一些红糖、草木灰水调匀,放入镬里蒸熟,结果发现蒸出来的米糕发起变大、松软好吃,于是分发给左邻右舍一起分享,发糕就此流传开来。

工艺流程

❶ 将大米洗净,清水浸泡8小时,然后打浆,用布袋装起,沥干水分,变成湿米浆。

❷ 取出米浆,加入红糖、酵母、泡打粉等搅拌好,发酵约2小时。

❸ 发酵好后,把粉浆倒入湿布垫底的蒸笼,用中火蒸40分钟。

新丰牛角粽

知识拓展

粽子里可加入花生仁、绿豆等。形状可包成三角形、塔形等。灰水可用茶枳替代。

名吃故事

新丰县"九山半水半分田",村民勤劳,外出耕作时路途较远,为减少往返次数而备食物外出,携带方便、耐饱的牛角粽是首选食物。端午节新丰客家人家家户户包三角粽,新春佳节则包牛角粽,分量更足,以备开春外出劳作食用。

工艺流程

1. 豆梗烧成灰,制成灰水。鲜芒秆叶去头尾洗净,用热水烫软。
2. 肉切成长条,加精盐、五香粉拌匀。
3. 糯米洗净,浸泡1小时,捞起沥干水分,加灰水、红豆、花生油和精盐拌匀。
4. 用芒秆叶包入糯米、五花肉,做成长条形,用长草绳扎实。
5. 用剪刀剪去尾叶,入镬煮约6小时。

韶州风味小吃

丰城石磨粉

知识拓展

可根据喜好加入牛肉、虾仁等馅料。

名吃故事

作为广东省东江流域重要支流新丰江的源头，新丰县云髻山的泉水一路奔流。优质水源种植或养殖的瓜果蔬菜、动物禽类、粮食作物，制作成美食，散发出返璞归真的味道。在新丰，肠粉好吃的秘诀绝对少不了纯天然的水源。大米加山泉水，用传统的石磨研磨，新丰的肠粉自带米香。

工艺流程

❶ 把淘洗后的米倒入石磨中，倒入少许的水，转动石磨，磨出米浆。

❷ 原始米浆加入少许的水调成合适的米浆。

❸ 蒸盘上抹一层薄薄的油，倒米浆铺平，放上鸡蛋、肉末等馅料。

❹ 放入蒸镬中蒸熟，淋上酱油即可。

新丰老鼠粄

名吃故事

老鼠粄是客家特色小吃,已有数百年历史,其呈圆柱形,两头尖,长约二寸,白色,光滑鲜亮,形似初生小老鼠,在新丰叫"老鼠仔"。新丰当地人最常吃的街头早餐,就数"老鼠仔"了。

工艺流程

❶ 粘米用冷水浸泡几小时后,捞起沥干后磨成粉。

❷ 用开水拌匀,反复揉搓至适度后拧成团,即以特制的"千孔粄擦"架在面上,将粉团压在粄擦上用力来回摩擦,便可擦出每条约2寸的粄条,掉入镬中,待粄熟浮起时捞出,置冷水中浸泡,冷却后再捞起晾干即可备用。

❸ 食用时,煮或炒均可。

知识拓展

老鼠粄在客家地区相当普遍,除了新丰还有韩江流域的丰顺、大埔等也常食用。

乳源

乳源篇

韶州风味小吃

瑶山打麻糍

名吃故事

旧时乳源必背过山瑶有个风俗，男子到13岁左右，凡经济富裕的家庭，都要请族中有威望的师爷举行"度身"仪式，以此作为他跻身成人行列的明证，从此可以参加一切社交活动。

"度身"仪式一般要持续数日，共分3个阶段，全程由师爷主持。第一阶段，在大厅悬挂祖先画像，设一四方台，摆上香炉、猪肉、糍粑、豆腐、酒等供品，由师爷请祖先"回家"。第二阶段，举行上"刀梯"仪式，在族人围观注目中，由师爷领着男子赤足登上由杉木、柴刀相扎的梯子上，象征英勇果敢、无所畏惧。第三阶段，观礼众人回到厅中击铜钹跳舞，烧纸钱祈求各位祖先保佑"度身"的男子快点长大，事业有成。"度身"仪式结束后，主人就给师爷一些猪肉和糍粑作为酬劳。供品中的糍粑，要数打麻糍最能体现大家共同参与、团结协作的成果。因为打麻糍是一项劳动强度较大的体力活，往往要由几个青壮年轮流面对面站立，手持长木槌在石臼中将蒸熟的糯米饭，趁热先揉后打，直到杵成糊状为止，取出分成小块，用手压成圆饼形，粘上芝麻粉即可食用。直到今日，打麻糍仍是乳源必背瑶胞节庆活动必做的特色小吃。

知识拓展

麻糍外部粘的芝麻粉，可用炒香的黑芝麻或白芝麻，口味根据个人喜好，可拌糖作甜食，也能拌食盐取咸味。

工艺流程

❶ 先将糯米洗净,用山泉水浸泡约4小时,以手指能捏碎为佳,捞出沥干水分,放置于木桶饭甑内,隔水蒸约40分钟至充分软烂。

❷ 趁热把熟糯米饭倒入抹油的石臼内,众人轮换合力用长木槌揉压,至糯米饭团黏烂有韧性,取出分割成小块,分别搓圆,用手压或用饼印压成饼状,均匀粘上事前准备好的炒芝麻粉即可。

韶州风味小吃

瑶胞烟肉粽

名吃故事

烟熏腊肉,是瑶家待客的桌上珍品,也是瑶家最有特点的美食。过去瑶族同胞大多深居远山,山路崎岖蜿蜒,交通往来不便,赶一趟圩也不容易。但瑶家人待人热情,有客来访,定要弄几个特色菜相待,方觉略表心意。所以经久耐放、肉爽味美的烟熏腊肉,便成了每户瑶家必备食品。

乳源瑶家的习惯,每年冬至前后杀年猪,将猪肉切成块条状,每块重达十多斤,先用粗盐腌上几天后,吊在炉灶上方,任中火烤和烟熏,经过几个月的熏烤就成了"烟熏腊肉"。一年半载熏烤而成的腊肉为常品,三年以上的为上品,甚至有保存十年的,这便是珍品了。

煮食时,将烟熏腊肉投放在清水中浸泡回软,刷去表面烟渍,切片蒸、配菜炒,都是美味。清明时节将腊肉切成小片,混搭香菇、花生与瑶山糯米,用山上采摘的竹叶包裹制作"瑶胞烟肉粽"。

知识拓展

食瑶胞烟肉粽时佐以椒圈豉油,更显瑶乡山野情趣。也可不放肉,素粽蘸白砂糖甜食,又是另一种风味。

工艺流程

❶ 用山泉水浸泡瑶山糯米2小时,用竹箕捞起沥干水分,加入花生、精盐和花生油拌匀备用。

❷ 将青竹叶两面刷干净,摊开沥干,草绳浸洗回

软，提高韧性。

❸ 用山泉水浸泡烟熏腊肉12小时，切小片，干香菇浸发后切块。

❹ 取2片竹叶折角，装糯米加香菇、烟肉片，竹叶收口包成四角粽形，以草绳捆扎牢固，大镬加山泉水烧开，加盖用中小火焓约4小时至粽香溢出，熟后取出晾凉即可。

韶州风味小吃

过山瑶竹筒饭

名吃故事

韶关市乳源瑶族自治县必背镇是世界过山瑶之乡，瑶族聚居宝地。过去，瑶族同胞大都散居在深山里，以耕山种梯田为主，家中有生产、生活用的柴刀、斧头和铁锄等农具。瑶寨四周青山环抱，梯田叠翠，树木葱茏，常年溪水潺流，鲜竹资源丰富，若是在山里劳作或是长途跋涉，瑶胞必备米袋和配菜方可解决饥饿问题。

竹筒饭是瑶胞外出耕种解决温饱的美食，因山路崎岖，路途遥远，不便携带大大小小的煮食炊具，只能就地取材斩伐生鲜竹子，裁截约30厘米的竹筒，两端留竹节，在一端竹节上打一个3厘米左右的开口，将淘洗干净的糯米、腊肉粒、香菇、萝卜丁等配料拌食盐调味后，借助先人留下的方法，把芭蕉叶卷作喇叭筒，沿开口处填充进竹筒里，灌注适量山泉水，用芭蕉叶封口，就地挖一土坑，燃烧柴火，利用竹筒清香、耐热、密封的特点，将竹筒里的米饭烤熟。

挥柴刀劈开，拆两根竹枝当筷子，就能饱食喷香暖心的美味。

知识拓展

要用新鲜的竹子，竹味才够浓，新鲜竹筒还可制竹筒汤、竹筒菜、竹筒粽等有山水野趣的美食佳肴。

工艺流程

❶ 将糯米淘洗干净，用簸箕捞起，沥干水分。

❷ 糯米加烟熏腊肠粒、烟熏腊肉粒、香菇、萝卜丁等配料，放入精盐拌匀备用。

❸ 在竹筒的竹节处开洞，把调拌好的糯米等物料填进竹筒里，加注山泉水，用芭蕉或竹叶封口。

❹ 最后用炭火烤约40分钟至竹筒里米饭烤熟，香味四溢时取出，用刀劈开即可食用。

韶州风味小吃

猪头皮粉

名吃故事

猪头皮粉,是乳源人经常吃的美食。相传古时,乳源有家大户人家养得仨女,大女嫁给商户生活宽裕,次女嫁给官宦衣食无忧,唯独小女不顾家人反对嫁给屠户,落得家境清贫,生活拮据。年关时节,手头紧的小女正愁回娘家的手礼,偶见夫君肉铺卖剩的猪头皮,灵机一动,加入在山上采挖的植物香料,制作成美味的卤猪头皮,待回娘家时与家人分享。

大年初二家人团聚,姐姐们带着山珍海味,只有小妹带来自己做的猪头皮。起初众人不屑一顾,母亲实不忍心,先尝一口,顿感又香又脆还不肥腻,便招呼一起品尝,结果受到大家的赞赏。父亲兴起,宣布此菜为家宴菜,并取名为"有头有面",方便招待宾客。受此鼓励,小妹不断研究,改良加工方法,后加入猪脚、猪尾等一起制作成卤味,并开早餐铺帮补家用,经悉心经营,店铺生意逐渐红火。直至今日,猪头皮粉制作工艺一直在乳城镇传承,成为乳源瑶族自治县特色小吃的代表。

> **知识拓展**
>
> 品尝猪头皮时配蒜蓉、白醋做蘸料,鲜香清爽,不油腻。若搭上猪脚同食,口感更丰富。

工艺流程

① 把猪头皮的猪毛除净,用清水浸洗干净,切成长方形条状。

② 镬内烧水,水开放猪头皮入镬里,待水沸腾煮几分钟后把猪头皮捞起,趁热放入冷水中降温。

③ 用事前准备的沙姜、八角、桂皮等植物香料,加入精盐、糖、生抽、老抽滚煮出香味,调制成红卤水,把过冷后的猪头皮放入,用慢火浸卤入味,原汁盛着保温。

④ 米粉用滚汤烫熟,盛于大碗中,夹2片猪头皮,浇上半勺卤汁,撒一把香葱,猪头皮粉即可食用。

韶州风味小吃

一六香芋饼

知识拓展

用调好的米粉浆混入各种作物小粒，可做成马蹄煎饼、淮山煎饼、红薯煎饼等。

名吃故事

在韶关市乳源瑶族自治县一六镇，秋收过后，农闲期间人们喜欢就地取材，利用自家田地收获的大番薯、槟榔芋头制作农家特色小吃，犒劳一年来辛苦劳作的家人。一六香芋饼是选用一六镇原种紫花纹香芋，混合米粉煎制而成，芋香味十足。

工艺流程

❶ 香芋刨皮切成小粒状，用油炸干备用。
❷ 将香芹切成芋粒一样大小的块状，备用。
❸ 将米粉过筛后用容器装着，加入鸡蛋、精盐和水和匀；加入炸好的香芋粒、香芹粒、葱白和匀，最后加油和匀，调成香芋粉浆。
❹ 镬里放油烧热，拿勺将粉浆分个装好放镬里慢火煎，煎至两面金黄色即可，装盘。

桂头驼背糍

名吃故事

乳源瑶族自治县必背镇的瑶族有与汉族认"同年"的传统习俗,"同年"在生产生活中相互支持,同舟共济,每逢夏收夏种、秋收农忙时,瑶族"同年"都会带着仅有的农具下山帮汉族"同年"干农活,而汉族群众则向瑶族群众传授生产技术,把良种鸡苗、猪仔送给瑶民,并宰杀自养鸡、鸭,做饭犒劳瑶族兄弟,同时做糍粑外带给瑶寨内的兄弟姐妹,共同分享丰收成果,期盼来年风调雨顺,通过面朝黄土背朝天的辛勤劳动,可换来五谷丰登,驼背糍就是祝愿糍粑中的代表。

工艺流程

1. 粘米用清水洗净,浸4小时,磨成米浆,静置备用。
2. 烧镬下油,加入肉末、笋丝、豆芽、香菇、虾米等,以精盐、白砂糖调味,炒香成馅料。
3. 用柴火烧热大铁镬,倒入米浆不停翻铲,中途加入灰水、精盐、生油拌匀,翻铲约40分钟至米浆凝固成粉团,铲出,大盆盛放。
4. 将粉团分成均匀小块,包入馅料,收口,手压成方形,用芭蕉叶包裹成长方体,整齐摆放在蒸笼中。
5. 大铁镬注水,烧开至有蒸汽,将包好的驼背糍用中火蒸40分钟,蒸熟即可。

> **知识拓展**
>
> 驼背糍的馅料可根据喜爱,选择咸馅或甜馅,自由搭配。

乳源篇

大桥叶糍

名吃故事

叶糍是大桥镇西京古道邻近地区客家人流传已久、风味独特的传统小吃,采用田间溪边生长的鲜芭蕉叶包裹,香味十足。

工艺流程

1. 粘米洗净,用清水浸泡4小时,用石磨磨成米浆。
2. 用布袋将米浆装好,吊起,沥干水分,晾干成糍粑粉。
3. 将米粉取出,加入煮沸的灰水趁热搅拌均匀,上手揉搓至光滑,分成小块,用两面刷洗干净的芭蕉叶,包成长方形(长约18厘米、宽约8厘米)"红包"状放入蒸笼,中火蒸约40分钟至熟,用稻草或篾绳绑扎。
4. 叶糍存放,可在蒸熟后在箩筐或木桶里趁热一层层叠放好,并用重物将其压平,放凉,尔后不宜翻动,随箩筐或木桶存放。食用时,剥去竹叶,可蒸、可煮、可炒、可煎。

> **知识拓展**
>
> 食叶糍,可配多种口味,配甜、配咸、配酸、配辣都可。

桂坑石韭饼

名吃故事

石韭菜是当地特色农产品，其外形气味与韭菜相近，似蒜非蒜、似荞非荞，长叶间有道明显的叶柄，只生长在水质优良且流动的溪边或山坑旁潮湿背阴的地方。对生存环境非常挑剔，产量不高。石韭菜香甜脆爽，四季可食，春季最鲜嫩，在美食制作中，石韭菜常用作炒腊肉、白灼或切碎拌肉馅，又或者榨取汁液蒸包、制饼，桂坑石韭饼是其中一种特色吃法。

工艺流程

① 馅的制作：猪肉、鸡肉切成小粒，加入精盐腌制，然后泡油至熟；韭菜切粒，放镬里，加油，倒入猪肉粒、鸡肉粒、冬菇粒，用精盐、白砂糖调味，湿淀粉打芡调制成馅。

② 石韭菜饼皮制作：石韭菜洗净后，加入清水，打成石韭菜汁；将澄面用热水烫成面团，韭菜汁倒入糯米粉中拌匀，然后加入熟澄面团、白砂糖、猪油，拌匀搓至软硬适中的面团；将光滑的面团搓成条形，切成小块，用酥棍擀成圆饼皮，包上馅料，收口，手压成饼形备用。

③ 烧镬用小火煎，至两面呈焦黄色取出，装盘。

> **知识拓展**
>
> 饼的规格大小可根据要求变动，馅料搭配随个人口味优化改良。

后记

《韶州风味小吃》一书，在韶关市"粤菜师傅""广东技工""南粤家政"三项工程领导小组指导下，由韶关市高技能公共实训基地"韶州客家菜研究中心"精心组织名厨大师和专家编撰完成。在编撰过程中得到浈江、武江、曲江、乐昌、南雄、仁化、始兴、翁源、新丰、乳源等县（市、区）人力资源和社会保障局、餐旅烹饪协会和知名餐饮人士的指导和支持。

《韶州风味小吃》以百越岭南、客家群居、农耕文化、节庆风俗为切入点，以打造"韶州客家菜"品牌为目的，挖掘散落民间、制作精良、特色鲜明的小吃，突出反映了韶关丰富的农耕物产及淳朴优良的社会生活风貌。

《韶州风味小吃》以传承和推广"粤菜师傅"大众饮食文化为编写目标，全书收录韶关各地的80道经典地域风味小吃，每道小吃的相关内容均涵盖掌故民俗、制作技法、知识拓展等方面，挖掘美食之根和文化内涵，展现韶州风味小吃的独特魅力。

《韶州风味小吃》编撰团队由粤菜名厨大师邓祖荣、神三强、李祥雄、林少伟、梁明彬，以及韶关市职业技能服务中心田斌、朱新跃、林煜祥组成。团队亲临各地挖掘收集历史资料，遍访民间传承人并邀其参与制作，全方位开展韶州风味小吃的发展与成果研究，为读者领略浓郁的地方特色贡献智慧。

在此，我们向关心、支持《韶州风味小吃》编撰的各级领导、部门（机构）和参与编撰工作的同志致以诚挚的谢意！

韶关市人力资源和社会保障局
2024 年 6 月